"十四五"时期国家重点出版物出版专项规划项目

新基建核心技术与融合应用丛书

人工智能产品经理技能图谱

AI 技术与能力升级

张俊林　王斌　编著

机械工业出版社
CHINA MACHINE PRESS

本书首先对人工智能产品经理做了分类，并对每类人工智能产品经理的工作流程进行了介绍，然后从相关技术、数学、算法、软件设计、硬件设计等方面对人工智能产品经理需掌握和了解的相关知识做了详细介绍。本书以丰富的实际案例贯穿始终，对各类人工智能产品设计方法论和人工智能技术指标进行了详细说明，方便读者快速掌握人工智能的发展现状及相关产品的设计方法。

　　本书适合希望或刚刚走上人工智能产品经理岗位的读者阅读，也适合人工智能相关专业的高年级本科生或研究生以及教师参考。

图书在版编目（CIP）数据

人工智能产品经理技能图谱：AI技术与能力升级 / 张俊林，
王斌编著 . —北京：机械工业出版社，2021.5（2024.4 重印）
ISBN 978-7-111-67919-6

Ⅰ . ①人⋯　Ⅱ . ①张⋯②王⋯　Ⅲ . ①人工智能－图谱　Ⅳ . ① TP18-64

中国版本图书馆 CIP 数据核字（2021）第 060315 号

机械工业出版社（北京市百万庄大街 22 号　邮政编码 100037）
策划编辑：吕　潇　责任编辑：吕　潇
责任校对：李亚娟　封面设计：马精明
责任印制：邓　博
北京盛通数码印刷限公司印刷
2024 年 4 月第 1 版第 3 次印刷
184mm×240mm · 15.25 印张 · 1 插页 · 271 千字
标准书号：ISBN 978-7-111-67919-6
定价：99.00 元

电话服务　　　　　　　　　网络服务
客服电话：010-88361066　机 工 官 网：www.cmpbook.com
　　　　　010-88379833　机 工 官 博：weibo.com/cmp1952
　　　　　010-68326294　金 书 网：www.golden-book.com
封底无防伪标均为盗版　　　机工教育服务网：www.cmpedu.com

前　言

本书附送的技能图谱里描绘了一部人工智能（Artificial Intelligence，AI）波澜壮阔的发展史以及各类 AI 新技术的应用案例，相信在可期的未来，AI 技术将更大地将推动商业发展，提升人们在信息化时代的生活质量。在 AI 技术从发展、落地，直至走进日常生活的进程中，AI 产品经理则是连接技术与产品、科技与生活的桥梁，在某种程度上扮演着智能时代领路人的角色。

在笔者看来，AI 产品经理的工作并不神秘，它可以理解为传统产品经理工作的升级版，对创新性的要求更高。但不论是 AI 产品经理还是传统产品经理，核心都是做产品，都是要搞清楚目标用户是谁，为目标用户提供什么价值，产品是否有更高的性能、更低的价格、更小的风险，搞清楚关键业务是什么，核心资源是什么，以及和上下游周边的合作伙伴的关系，从而找到收入来源是什么，并优化成本结构，全面思考，确定方案并执行下去。

什么样的产品经理会更有前途？一定是处于顺应历史进程的行业的产品经理，不管是新零售还是 AI，有潜力的行业才能有更广阔的空间。这只是外部的条件，对内则要深入到行业中去，用行业知识打造自己的壁垒。所以作为新时代的 AI 产品经理，下面这些理念就显得更为重要：

● 懂行业的、懂领域基础技术的产品经理才能发挥粘合剂的作用，才能高效地转化技术。

● 敏锐的察觉力是一个产品经理必备的能力，从而精准地发现需求，转化需求并以最合适的工具或者服务满足需求。

● 每个产品都有自身的局限性，不要试图无限拓展产品边界，边界清晰的产品才是好产品。

● 需求—用研—MVP—反馈调整—迭代—成长，精益产品设计流程就是这样。有反馈的产品才能更适应市场，以第一手信息来辅助决策，决策都有有效期，不要随时更改，但要定期调整，有计划有安排，循序渐进。

● 执行力是一个人、一个团队的核心竞争力，必须通过锻炼来形成，没有执行力会干扰判断，没有执行力会降低士气，没有执行力会增加成本，长时间没有执行力会让团队很难再有执行力！

● 数据处理能力和数据理解能力是评价一个 AI 产品经理是否合格的重要标准。比如，移动均值预测可以帮助我们做好 KPI 的制定；加权平均可以使预测结果更加准确；决策树挖掘模型能更好地挖掘数据之间的关系。

尽管创新力是 AI 产品经理的必备能力，但创新不易，需要懂得不断尝试，更需要懂得接受失败，特别是在现阶段，做 AI 产品失败的概率普遍会大于成功的概率，不断接受反馈、不断纠错是必需的过程，付出的纠错成本也是必要的，要做长期价值主义者，不做短期机会主义者。

本书不涉及深奥的算法讲解，不罗列复杂的公式推导，不堆砌拗口的行业术语，而是用日常对话风格的文字，从现阶段整体 AI 产品行业的现状出发，将也许尚不算非常"智能"但在不断进步的"智能产品"介绍给读者，为读者展示并搭建起完整的 AI 行业、技术、产品的知识架构，帮助希望走上 AI 产品经理岗位的读者快速进入角色。

自学能力是一名职业人士的核心能力，保持这个能力，需要不断训练、使用、反馈，这也是本书编写时想要体现的思想基调。要想成为一名优秀的 AI 产品经理，仅靠本书的知识深度一定是不够的，但是当身为读者的你逐渐进步，决定去深耕某一个产品领域时，相信通过本书附送的技能图谱，去有意识地在相应的层面加强学习，也定会有所裨益。

笔者自知能力有限，本书的许多观点更多地是总结了自己身为 AI 产品经理这些年的经验教训和拙见，不足之处还请谅解。

张俊林

2021 年春节

目录

CONTENTS

第 3 章 一键打包——AI 产品经理通识储备 071

第 4 章 AI 产品设计方法论 — 099

第 1 章
AI 产品经理——不是简单的"当产品经理遇上 AI"

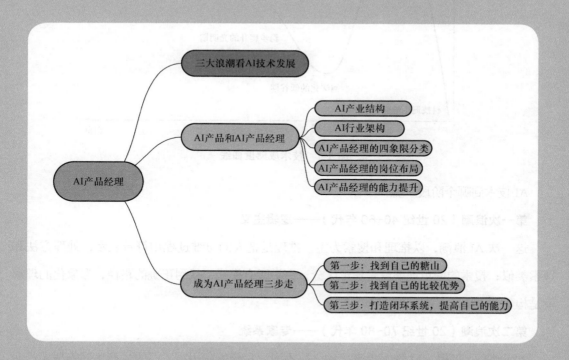

1.1 三大浪潮看 AI 技术发展

只有掌握了技术的发展规律，才不会在瞬息万变的技术脉络中迷失方向。人类技术的新方向到底是什么呢？有一种曲线叫技术成熟度曲线，技术成熟度曲线已经成为观察 IT 市场的手段和工具，技术成熟度曲线描绘的是从技术的产生到成熟的 5 个阶段，如图 1-1 所示。分别是科技诞生促动期—过高期望的峰值期—泡沫化的低谷期—稳步爬升的光明期—实质生产的高原期。

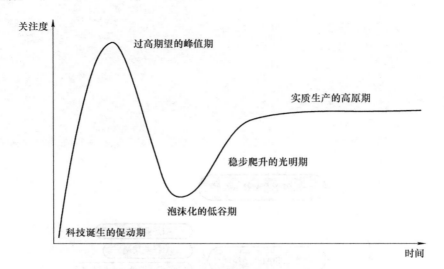

图 1-1 技术成熟度曲线

AI 技术到哪个阶段了呢？

第一次浪潮（20 世纪 40~60 年代）——逻辑主义

这一次 AI 浪潮，以推理和搜索为主，推理是把人的思维过程用符号表示，处理方法和搜索类似；搜索的简单理解就是情形区分，穷举所有模式，找到正确的路径，形象化的理解就是构建搜索树。

第二次浪潮（20 世纪 70~80 年代）——专家系统

20 世纪 80 年代，AI 卷土重来，和之前不同，它开始应用在工厂的生产车间等现实产业领域，更多依靠"知识"的支撑，代表性的成果如 1984 年发布的斯坦福大学研发的 MYCIN 医疗诊断专家系统。

第三次浪潮（20 世纪 80 年代至今）——机器学习、深度学习、计算机视觉

在这个阶段，机器学习迅猛发展，大体上可分为两类，即有监督学习和无监督学习。有监督学习是指事先准备好输入和正确输出相配套的训练数据，让机器进行学习，以便输入某个数据到机器时，能得到正确的输出；无监督学习则被应用于仅提供输入数据，需要计算机自己找出数据内在结构的场合，从中抽取出其所包含的模式和规则。2012 年国际图像识别领域国际大赛 ILSVRC 上，首次参赛的多伦多大学将错误率降到 15%，领先其他人工智能团队10 个百分点以上，有如此突破是因为他们应用了新式机器学习——深度学习。所谓深度学习，就是以数据为基础，由计算机自动生成特征量，不需要人来设计特征量，可以说深度学习代表的"特征表示学习"是一次历史性的突破。

相信 AI 发展还会总体符合技术成熟度曲线那样的波浪式前进、螺旋式上升的趋势，值得产品经理奉献一生。这将是一个值得长期投入的事情。

1.2 AI 产品和 AI 产品经理

什么是 AI 产品？直接或者间接应用了 AI 技术的产品，都可以称为 AI 产品。

AI 产品设计要以操作极度简单为标准，但是前端的简单代表后端的复杂，系统越复杂，才能越智能。同样，AI 的发展依赖于产业生态的共同推进，上游依托芯片提供算力保障，中游 AI 厂商着力研发算法模型，下游靠应用领域提供落地场景。

1. AI 产业结构

AI 产业结构可分为基础层（计算基础设施）、技术层（软件算法及平台）与应用层（行业应用及产品），如图 1-2 所示。

1）基础层：主要包括计算硬件（AI 芯片）、计算系统技术（云计算、大数据和 5G 通信）和数据（数据采集、标注和分析）。

基础层主要以硬件为核心，其中包括 GPU/FPGA 等用于性能加速的硬件、神经网络芯片、传感器与中间件，这些是支撑人工智能应用的前提。这些硬件为整个人工智能的运算提供算力。

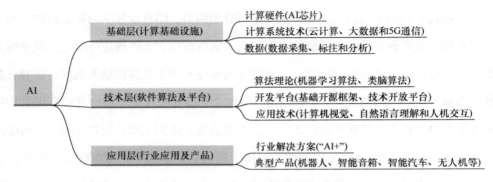

图 1-2　AI 产业结构

2）技术层：包括算法理论（机器学习算法、类脑算法）、开发平台（基础开源框架、技术开放平台）和应用技术（计算机视觉、自然语言理解和人机交互）。

当前，国内的 AI 技术平台在应用层面主要聚焦于计算机视觉、语音识别和语言技术处理领域，国内技术层公司发展势头也随之迅猛，其中代表性的企业包括科大讯飞、格灵深瞳、捷通华声（灵云）、商汤、永洪科技、旷视科技、云知声等。

3）应用层：应用层主要是基于基础层与技术层实现与传统产业的融合，实现不同场景的应用。

随着 AI 在语音、语意、计算机视觉等领域实现的技术性突破，将加速应用到各个产业场景。包括行业解决方案（"AI+"）和典型产品（机器人、智能音箱、智能汽车、无人机等）。

2. AI 行业架构

AI 技术不同于互联网技术的发展，AI 技术更侧重于软硬件结合落地，所以笔者给大家梳理了通用的 AI 技术及相关平台。底层硬件配合具备合适的算法的软件，才能产出智能化的产品。

现在国内的 AI 相关公司都分布在图 1-3 所示的图谱中的某个或多个位置。

AI 通用技术及平台的能力取决于两点：第一点是技术的成熟度；第二点是对具体业务的渗透力。

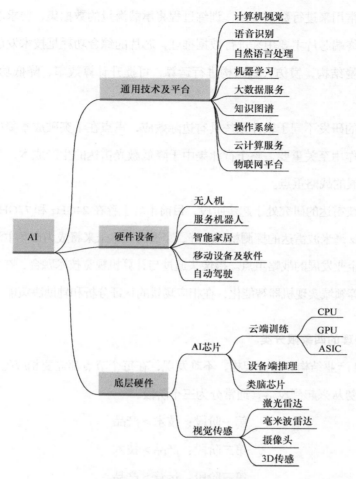

图 1-3　人工智能行业架构

计算机视觉、语音识别和自然语言处理的应用精准度在于知识图谱的构建和机器学习能力。AI 技术由单点技术应用转为整体解决方案的构建，企业注重技术的融合发展。AI 技术的发展依赖于数据积累，企业通过向场景渗透，用数据优化技术算法，构建行业壁垒。

未来的市场潜力取决于 AI 技术与硬件基础应用功能间的协同发展，AI 技术在用户与设备的交互方式上实现革新，视觉语音语义等 AI 技术对场景数据的理解能力是决定其交互能力的关键。

在底层硬件上，芯片是保障算法和算力的重要硬件，芯片成功的关键在于芯片的技术实力，根据芯片的部署位置和承担任务，衡量芯片技术实力的指标各不相同。

云端芯片通常用来进行数据训练，训练过程将承载海量的数据集，要求芯片具备很强的并行运算能力；终端芯片主要用来进行数据推理，芯片的综合功耗是技术发展关键；类脑芯片打破冯·诺依曼结构，模仿大脑结构进行运算，可提升计算效率、降低功耗，成为 AI 芯片长期发展趋势。

视觉传感器的研发不同于软件系统具有边际效应，重点在于突破成本障碍，激光雷达在自动驾驶领域的作用至关重要，整个行业集中于降低激光雷达的生产成本，车规级固态激光雷达应是企业发展的战略重点。

国内对毫米波雷达的研究处于起步阶段，目前市场上存在 24GHz 和 77GHz 两种规格的毫米波雷达。77GHz 毫米波雷达的探测精确度好、穿透力强，未来将成为市场主流，研发 77GHz 毫米波雷达的是企业发展的战略重点。摄像头通过与计算机视觉技术融合，在安防监控、自动驾驶、智能电视等领域实现机器智能化，在相应场景的认证分析和辅助决策能力是关键。

3. AI 产品经理的四象限分类

通过分析 AI 产业结构和行业架构，不难发现，在每个节点都需要相应的 AI 产品经理。

科技发展趋势从兴起到没落，通常分为三个阶段：

第一阶段：技术 > 产品

第二阶段：产品 > 技术

第三阶段：运营 > 产品

第一阶段，在技术发展的早期，技术不成熟，以研发为主，需要投入大量科研经费，且结果不确定；这一阶段的"玩家"主要是资金雄厚的大公司，他们有财力投入，注重科研。这一阶段的公司多以技术驱动。

第二阶段，技术已经相对成熟，应用广泛，掌握该技术的人才不再稀缺，中小公司很容易将其应用到自家产品之上；这一阶段竞争者众多，公司之间比拼的不再是技术能力，而是产品能力。谁能够把技术和场景更好地结合起来，做出优秀的产品，谁就能快速占领市场。

第三阶段，随着优秀产品的出现，场景和技术结合的路径出现，公司之间都明白了应该在什么场景下做什么样的产品；各家的产品都已经成熟且趋同，在优化用户体验上已经没有太多的空间。这个时候，公司之间比拼的就不再是产品能力，而是运营能力。谁能够把营销做好，把运营做得更顺畅，谁就能更持久地获取和留存用户。

AI 技术的演进现在还在第一阶段，所以说个人技术能力在产品中所占比例更大。而对于技术的投入，大企业相对有足够财力，小企业的财力支撑较为薄弱。

根据企业大小和个人技术能力的不同，AI 产品经理可按四个象限分类，如图 1-4 所示。

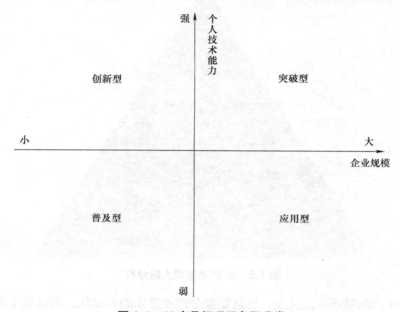

图 1-4 AI 产品经理四象限分类

1）**突破型 AI 产品经理**：本身技术能力强，在大企业的研究部门或者实验室；以技术突破为主，时刻关注 AI 前沿技术。这类 AI 产品经理在国内主要分布于 "BAT" 等一线互联网企业，或者科大讯飞、商汤等 AI 为主的企业；这类产品经理日常工作以研究为主，失败大于成功，不过没有苛刻的 KPI，多为学术型人才。

2）**创新型 AI 产品经理**：多为技术出身，在某个技术领域是专家型人才；投身到初创公司，利用所掌握的技术能力，设计创新型产品，担任产品的设计工作，可以说是公司的关键人物；多是应用最新的前沿技术，结合垂直场景或领域，设计出创造型产品。

3）**应用型 AI 产品经理**：多为传统产品经理出身,AI 技术能力不是长项，但产品能力扎实；熟悉成熟 AI 技术，能够在大企业中应用现有成熟 AI 技术改进相应系统，或者搭建 AI 平台；

多见于大型企业的"2B"业务线，对接各行业需求，输出成熟的 AI 技术，并把技术产品化。

4）**普及型 AI 产品经理**：多为非技术出身，熟悉成熟的 AI 技术，熟悉市场上成熟的 AI 产品；能够很好地完成相关 AI 产品的拆解、分析、改造，并结合本身业务将 AI 技术落地。

这四类 AI 产品经理的人数分布如图 1-5 所示，呈金字塔分布。

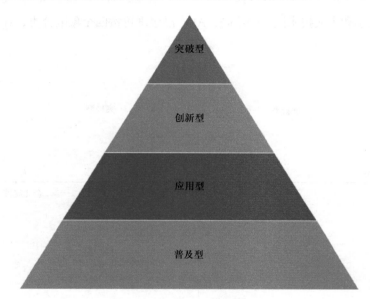

图 1-5　AI 产品经理人数分布

突破型 AI 产品经理少之又少，但这是整个产业进步的先锋队，做这类工作要有耐心，要禁得起失败的打击。

创新型 AI 产品经理是能将前沿科技落地的一类人，他们不仅要掌握核心科技，还要找到创新点，找到很好的商业模式。这类机会不多，但是一旦找到，回报也是丰厚的。

应用型 AI 产品经理是 AI 技术普及的"主力部队"，这支部队能够为 AI 技术的行业应用搭建好用的基础设施。

普及型 AI 产品经理大多分布在中小企业中，是将 AI 能力注入各行各业的传播者，他们是最靠近一线、最了解市场、最熟悉场景的专家。

4. AI 产品经理的岗位布局

目前为止，我们从产业说到行业，说到根据企业大小 AI 产品经理的分布，但是最终还是要落到一个个岗位上，目前 AI 产品经理岗位分布如图 1-6 所示。

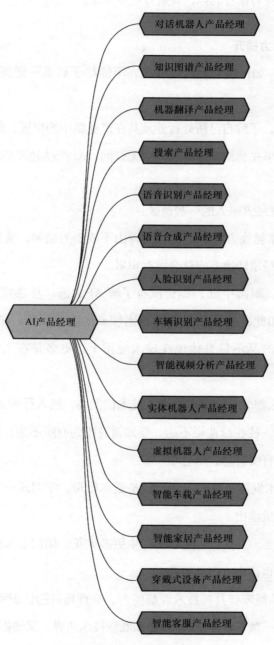

图 1-6 AI 产品经理岗位分布

AI 产品经理岗位现在还处在萌芽阶段，今后肯定会越分越细，现在找到一个领域深耕下去，随着时间的推移，身为读者的你，就是行业专家了。

5. AI 产品经理的能力提升

作为 AI 产品经理，如何提升自己的能力，不能胡子眉毛一把抓，要有的放矢地学习，这样效率才能更高。

要找准自己的位置，了解自己所处行业及其在产业链中的位置，分析自己属于哪一类 AI 产品经理，这些都是要事先想清楚的问题。毫无疑问，AI 产品经理必须是一专多能的复合型人才。

下面是 AI 产品经理经常陷入的一些误区：

1）没有目标，经常转换方向：要有咬定青山不放松的精神，前期多调研，一旦确定方向就要全心投入进去，经常转换方向就会没有积累。

2）没有自知之明，眼高手低：尽管没有了解 AI 之前，总感觉 AI 高深莫测，真正开始进入了却认为不过如此，特别是工作经验比较长的产品经理，惯性思维告诉他这个就要这样设计。其实 AI 产品不只是体现在技术应用上，更多是在 AI 思维，要融入到整个产品中。

3）用心不专，什么都学：AI 范围宽泛，技术门槛高，刚入行的 AI 产品经理感觉自己什么都不会，什么都要学，往往欲速则不达。要知道有所为有所不为，什么都学就会造成什么也不精。要有主有次，有缓有急，用心专一。

4）不学习：AI 技术发展迅速，不学习就是逆水行舟。学习是一个输入过程，要不断输入，才能保证持续高质量输出。

5）圈子太小：链接、交换、碰撞才能产生更多火花。闭门造车就会落后。多和同行业交流，参加交流会议，也许会有意外收获。

总结起来，AI 产品经理要具备技术理解能力、垂直场景的认识积累和一套完整的 AI 产品落地方法论。要完成一款落地的 AI 产品必须既懂技术边界，又懂需求边界。

1.3 成为 AI 产品经理三步走

1.3.1 第一步：找到自己的糖山

近来，笔者被问到最多的问题是，应届毕业生，打算转行到 AI 行业，但做不了技术工程师，因为大学学的是金融，没有技术基础，做 AI 产品经理的话可行吗？要怎么规划呢？下面展开说一说。

1. 小糖人游戏

不知道你有没有听说过小糖人游戏。

一个人贫穷或者富有，到底是"天注定"还是靠奋斗？天赋和杰出才能在财富累积中，到底能起到什么作用？

为了找到这两个问题的答案，1996 年，美国布鲁金斯学会（Brookings Institution）的 Epstein 和 Axtell 一起用计算机模拟开发出来了一个人工社会财富积累的模型，他们称之为"Sugarscape"，通常翻译为"糖域"，笔者在这里将其翻译为"糖人国"。

游戏很简单：

在一个二维的虚拟世界中分布着固定的"糖"资源，而随机分布的 Agent（可以翻译为"小糖人"）在二维世界中游走，并通过不断地收集身边的"糖"来增加自身资源。

游戏设定每个小糖人都会在一个周期中消耗一定单位的糖，当自身的糖消耗光的时候，这个小糖人就会死去。

计算机模拟出来的样子如图 1-7 所示。

这个游戏中的"糖"就相当于财富，而每个小糖人就相当于社会中的人。

图 1-7 的左侧是糖人国的糖资源分布情况，由 50×50 的单元格组成，深色的格子含糖高，浅色的格子含糖少，白色格子的不含糖。

可以看出：糖人国境内西南和东北有两座深色的糖山，是糖资源富裕区。与此同时，棋盘上有大片浅色地带（糖资源稀少区域）和白色无糖区（糖资源贫瘠区）。

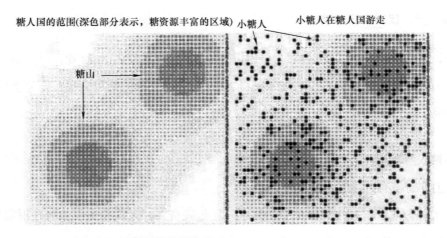

图 1-7　计算机模拟糖人游戏 [Epstein 和 Axtell（1996）]

图 1-7 的右侧，是 250 个小糖人（黑点）被随机地播撒在这个"棋盘"的各个角落，它们在棋盘上漫游，寻找和积累糖资源。每个小糖人都是单独的个体，它们有能力吸收信息，观察四周，并做出行动和选择。

Epstein 和 Axtell 给这些小糖人设置了类似于人的简单决策规则：

• 小糖人的视力可在东西南北四个方向观测，目标是发现含糖最高的地块并积累糖，一旦单元格里的糖被吃掉后，过一段时间能重新长回来；

• 小糖人所积累到的糖如果跟不上自身新陈代谢的消耗，那么小糖人将会饿死，计算机会将其清除出局；

• 250 个小糖人被随机分配不同的禀赋：一是视力的好坏（有人能看到 6 格之外，有人只能看到眼前的 1 格）；二是新陈代谢的能力（有人代谢一次只消耗 1 单位的糖，有人则需消耗 4 单位的糖）；

• 一切设定完毕，计算机模拟程序启动。

实验进行了 189 次之后，里面 10% 的糖人获得了比较多的"糖"，特别是其中 2 个糖人，他们获得了惊人的 250 个糖资源；而很多糖人要么垂死挣扎，要么已经死去。

189 次"糖人的选择"之后，糖人国中的"富豪"出现了，如图 1-8 所示。

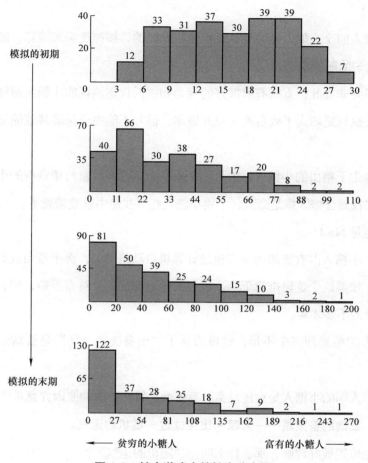

图 1-8　糖人游戏中的糖人分布图

图 1-8 的横轴是表示小糖人们所拥有的糖量（财富量），左侧是贫穷的，右侧是富有的，纵轴则是人数。

根据 Epstein 和 Axtell 在程序中的设置，我们可随意调整小糖人的各种初始参数，瞧瞧到底哪个参数引发了糖人国的财富分化。

首先我们都可以想到，应该是每个人的禀赋不同导致了财富差距。比方说，有的小糖人视力 6 倍好于同类，能看到更大的棋盘，更容易找到富糖点；同样地，有的小糖人新陈代谢只有同类的 1/4，更易于积蓄余糖，抵御饥荒……

是否这些拥有天赋的小糖人最终演变成了成功者？

答案是 No！

因为，小糖人的个人能力差异是计算机随机分配的，按照逻辑来推算，最终财富的分布也应该近似于均匀的随机状态。

但模拟结果并非如此，有些有着很好的视力和很低代谢消耗的小糖人照样分布在贫穷的那一群里——天赋只是增大了致富的一点儿概率，但并不能完全保障其就能够变成糖人国的成功者。

那是不是降生于糖山的小糖人，就可以毫不费力地瞬间致富？毕竟有的小糖人生在贫瘠之地，历尽辛酸找到含糖区算是命大，个别小糖人在寻找途中就被饿死了。

答案自然也是 No！

因为，一个小糖人占有资源的优劣也是计算机自动给予的，诞于糖山或诞于荒漠，完全遵循随机原则。按照这个逻辑推算下来，假如天生资源决定了贫富差距，那么最终富人人数和穷人人数应该差不多才对。

但模拟出来的结果却完全不是，这就否认了"出身决定一切"是贫富分化产生的全部原因。

说到底，糖人国的小糖人是穷还是富，真实而又符合逻辑的原因究竟是什么呢？

笔者认为，正确的答案是——天赋 + 出生位置 + 随机的运气。

天赋和出生位置很好理解，那么什么叫作"随机的运气"？

我们不妨假定有两个小糖人，A 和 B——程序一开始，两人的视力、新陈代谢、出生位置的含糖资源，各方面条件都一样。

这个时候，在视力所及范围内，A 偶然随机向东北方的糖山迈出了一步，真是凑巧，这里居然没有小糖人占领，于是他占领了这个格子，财富开始快速累积，变成了富人，然后越来越富；B 同样四处张望，同样出于偶然，它向东南移动了一步，结果渐渐开始远离富糖区，当它意识到方向错误之时，其他糖人早已围满了通往北方糖山的路径，于是它再无机会，只得随机漫游，在资源贫乏区域拼命采集，却也只能仅顾温饱，最后变为最贫穷的那 122 个小糖人之一。

就这样，两个天赋和出生位置都差不多的人，一个微不足道的选择差异，最终导致了其社会财富积累出现了天壤之别，这也可以称之为所谓的"蝴蝶效应"——初始条件极为微小的改变，最终引发结果的巨大差异。

2. 找到糖山

聊一聊这个小游戏，并不是讨论贫穷和富裕的形成原因，而是要讨论一下，这个小游戏对我们的工作和决策有没有指导意义。

在职业定位上，天赋和随机运气我们无法左右，但出身位置是我们可以选择的。

在前文"AI 产品经理的四象限分类"部分里，我们将公司发展分为三个阶段，而现在，AI 的发展还处在第一阶段。研发占主导地位，技术还未扩散，所以寻找"糖山"就显得尤为重要。

2019 年 8 月 28 日中国人工智能计算大会的主办方发布的《2019—2020 中国人工智能计算力发展评估报告》中公布了"2019 中国 AI 计算力城市排名"，如图 1-9 所示，那么这些上榜城市，就是 AI 世界的"糖山"。

2019中国AI计算力城市排名			
	2018	2019	排名
第一梯队	杭州	北京	1
	北京	杭州	2
	深圳	深圳	3
	上海	上海	4
	合肥	广州	5
第二梯队	成都	合肥	6
	重庆	苏州	7
	武汉	重庆	8
	广州	南京	9
	贵阳	西安	10

图 1-9　2019 中国 AI 计算力城市排名

那么去大公司还是小公司呢？笔者的建议是去知识密度大的地方。

现在 AI 技术还处于发展阶段，各项技术方案可以说还没有完全成熟，一个项目的不确定性要大于确定性。更因为算力和数据量的门槛，决定了做 AI 产品必须要有足够的资金支持。

根据"2018 年中国企业人工智能技术发明专利排行榜（TOP100）"，这些企业的专利方向主要包括计算机视觉、智能语音技术、自然语言理解和数据挖掘等领域。围绕人工智能算法的技术应用，主要涉及自动驾驶算法、智能影像辅助诊疗、人脸识别相关应用、智能音箱等语音交互、AI 芯片的 IC 设计等领域。对我们来说，这些公司就是糖山的山峰。

在这个排行榜上，排名前十的中国企业的发明专利申请数量均超过 369 项，主要集中于指纹识别、指纹芯片、应用程序、图像处理、语音识别、面部图像识别、数字计算设备、数据处理方法、自动驾驶等领域的布局。其中，百度在线网络技术（北京）有限公司以 1426 项专利排名第一，腾讯技术（深圳）有限公司以 1016 项专利排名第二。

3. 总结

孟母三迁的故事大家都听说过，耳濡目染的道理大家也都知道，对于打算转行的朋友来说，这些公司是不错的选择。

因为这些公司知识密度更大，能更快接触到 AI 前沿技术和科研成果，获得第一手的资料和先机，当获取到更多的信息后，你就会比其他人能看得更远。

1.3.2　第二步：找到自己的比较优势

通过分析小糖人游戏，从而得出结论，要想转行做 AI 产品经理，要找到最优位置。头部的 AI 公司，是知识密度最高的地方，在那里可以更快更早接触到最先进的科技成果。

但是 AI 公司这么多，该去哪一家呢？去什么岗位呢？

1. 比较优势

比较优势是一个经济学概念，这个理论是英国经济学家大卫·李嘉图在 19 世纪提出的，讲的是只要两国之间存在生产成本的差异，即使一国处于绝对的劣势地位，贸易仍然会发生且会使双方都受益。

假设 A 国一个工人，每小时可以生产 2 件 T 恤，0.02 架飞机；B 国一个工人每小时生产 1 件 T 恤，0.01 架飞机。这样来看，A 国工人不论是在生产 T 恤上还是飞机上，都有绝对优势。

假设一件 T 恤具有 10 元的价值，1 架飞机具有 100 万元的价值。A 国工人花 1 小时生产 T 恤能产生 20 元的价值，但是生产飞机可以产生 2 万元价值。所以 A 国工人生产飞机更具有优势，也就是说 A 国工人在生产飞机上具有比较优势。

假设在 B 国，一个工人每小时薪资是 2 元，A 国工人每小时的薪资是 8 元；A 国工人生产 1 件 T 恤的利润是 6 元，B 国工人生产一件 T 恤的利润是 8 元。所以 B 国工人相比 A 国工人，在生产 T 恤上就具有比较优势。

可见，A 国生产飞机较 B 国有比较优势，B 国生产 T 恤较 A 国有比较优势，所以最终 A 国向 B 国出口飞机，B 国向 A 国出口 T 恤，是使双方都受益的方案。

我们会发现，"比较优势"在某种程度上，在进行抉择时，比"绝对优势"更加有效，"比较优势"在生活中的应用非常广泛，同时可以应用到我们的职业选择上。

转型成为 AI 产品经理，先找到自己具有比较优势的公司和岗位，再加以选择，也许对我们更有利。现在从事产品经理岗位的工作者众多，只不过服务对象不同，所处行业不同。产品经理在我国发展了十几年，已经分工很细了，现如今 IT 领域产品经理已经细分到了如图 1-10 所示的岗位。

图 1-10 是笔者在招聘网站上整理出的 3000 多个产品经理岗位，根据产品属性、所处行业、服务对象和业务类型梳理出来的，现在的产品经理岗位大概划分是这样的。中台产品经理、物联网产品经理属于是最近两年才火起来的；AI 产品经理刚刚起步，但是也已经有了较为细致的岗位分布，具体可参见前面的图 1-6，这里不再重复列出。

从传统类型的产品经理转型到 AI 产品经理，如何选择呢？

找到自己的比较优势，充分发挥之前的行业和工作经验积累，而不是从零开始。现在大家还都在起跑线上，找到自己的比较优势，也许能够实现"弯道超车"。例如之前做后台系统，也许在智能客服系统上会有优势；之前做硬件产品，也许在智能家居上更有优势。

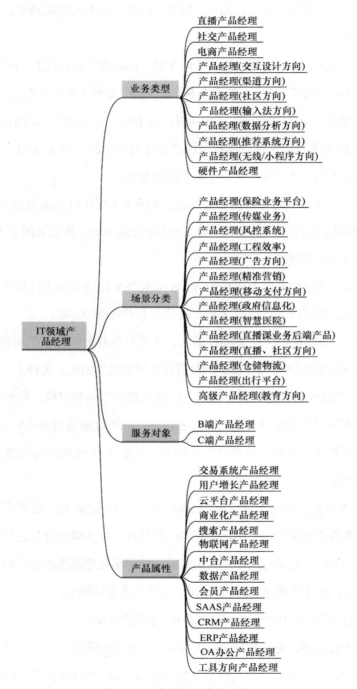

图 1-10 产品经理岗位分布

以上是举例传统类型的产品经理转行到 AI 产品经理,如何寻找比较优势,至于技术岗位或是其他岗位转行到 AI 产品经理,其实都具有自己的比较优势。要多思考,多比较。找到最优选择,有时候选择比努力更重要。

2. 沙滩上学不会游泳

我们今天是在讨论怎么转行到 AI 产品经理,而不是要不要转行到 AI 产品经理。要想能尽快翻过墙去,最好的办法是先把帽子扔过去。

要想更快转行到 AI 产品经理,先去尝试做一些项目,或者给 AI 产品经理打一些下手,或者做一些兼职 AI 产品经理的工作。不断地逼迫自己去找到解决问题的答案,在不知不觉中,你就转行成功了。

笔者有一位朋友,打算从程序员转行到运营。不知道该如何开始,然后自己编写了一份看起来不错的运营的简历。投了一些岗位,收到了几个面试邀请,尽管面试的时候一问三不知,但是他知道了用人单位对这个岗位用人的要求。然后买书,买课程,有了重点的学习目标。编写简历我们在这里不做评判,打算转行,不妨先"跳下水"再说,沙滩上学不会游泳。

3. 改变你的关系网

职场中的人,最佳学习方式不是独自学习,而是在情境中学习,有效的学习方式是进入相关情境找到适合你的学习共同体。要知道,如果你转行成功,那么那个时候你的关系网肯定和现在不一样了,那是不是你先进入那个关系网,然后就能更大概率转行成功呢?笔者认为,这个观点是有道理的。

在每个行业或者技术刚刚处于萌芽期的时候,往往是从科研院所或者头部公司开始的——那里是知识密度最大的地方。但是技术就像水一样,只要是有落差,就会从高处流向低处,所以科技公司经常会举办一些比赛或者讲座。你参加比赛或者讲座,就会和与你相似的人聚集到一起。你们就是一个学习共同体。

试想一下,线上你有各种专业社群,每天能看到行业内的信息;线下能接触到志同道合的朋友，共同研究探讨专业的问题，你的生活自然会被改变。当你的关系网改变了，反过来，你的关系网也会改变你。

4. 总结

说了这么多，都是在说如何选工作城市、选公司、选行业、选领域。改变关系网，开始进入这个行业。

选完之后呢？要学什么？要学技术吗？要报学习班吗？这个问题就是下一节我们要讲的内容。

1.3.3 第三步：打造闭环系统，提高自己的能力

转行到 AI 产品经理要学什么呢？要学技术吗？要学到什么程度呢？

AI 能力是不同于以往的能力，已有一种观点，认为 AI 技术是第四次工业革命的主导。

第一次工业革命开始于 18 世纪 60 年代，世界工业进入蒸汽时代。机器取代人力，大规模工厂化生产取代个体工场手工生产。

第二次工业革命开始于 19 世纪中期，以电力的广泛应用和内燃机的发明为主要标志。发电机的诞生使得人类历史从"蒸汽时代"跨入了"电气时代"。

第三次工业革命开始于 20 世纪中期，以核能、电子计算机、空间技术和生物工程的发明和应用为主要标志。互联网、计算机的出现，使信息交流更便捷。

如果 AI 的普及应用是第四次工业革命的标志，现阶段要解决的问题其实是将人类经验的数据化和决策的算法化，取代部分低水平标志的人工能力，特别是重复的人工，例如智能客服、安防系统、自动驾驶等。

AI 产品经理要能够从本质上去理解 AI，才能驾轻就熟地完成 AI 产品的设计工作。

1. AI 产品经理必须具备的四大能力

（1）业务能力

现阶段的 AI 产品经理岗位是两极分化的，一部分在实验室做算法探究，身居技术研发

前沿。这部分人大多具有技术背景，占比较小，暂且不提；更多的人是处在需求前沿的，用户提出需求，寻求 AI 系统解决问题的能力，例如如何用人脸识别技术做图书馆借阅系统，如何利用语音识别技术做自动化会议纪要等。

这就需要 AI 产品经理足够理解业务需求，然后做好需求转化，落地实施。

（2）产品能力

AI 产品经理毕竟还是一个产品经理，产品经理的基本功还是要有的，原型图的制作和需求文档的撰写是与用户和研发沟通的最好工具，是业界多年摸索碰撞出来的用于达成共识的交流"语言"；需求评审的目的是让相关人员（开发、设计、测试、运营等）理解需求背景、需求目的以及具体的需求描述，并认可原型设计和解决方案。

为了达成共识，高效地完成项目，产品能力必不可少，是 AI 产品经理必备的基础能力。

（3）视觉能力

不管是"2B"产品还是"2C"产品，用户的感官是对产品的第一印象，因此，好产品的 AI 能力展现必须在视觉上有明确的体现。比如现在流行的数据主控室，其操作台都很具备科技感，现在的机器人产品，其外形都能给人耳目一新的感觉。

一个产品经理必须具备一些人文素养和艺术的审美水平，也许产品之间，乃至产品经理拼到最后，拼的就是文化的元素，具有人文素养的产品才是有灵魂的产品。

（4）交互能力

UE（User Experience，用户体验，也简称 UX）协同是这近几年才兴起的一个岗位，说明人机交互设计越来越专业化了。

怎样的交互设计让用户体验更加友好，能够充分增强用户的操作感，满足用户的操作快感，一个合格的 AI 产品经理不必要熟练掌握交互能力，但是要知道什么才是好的交互设计。

2. AI 产品经理需要懂技术吗

不懂技术的 AI 产品经理不是一个合格的 AI 产品经理。

原因之一，在现阶段，AI 技术还未普及，并且更新速度很快，谁能够率先应用最新的技术到自己的产品上，谁就具有了先发优势，互联网产品的上市速度决定产品的命运。所以 AI

产品经理要了解最前沿的技术。

原因之二，现在人们对于 AI 技术认知还处于模糊状态，加之媒体的过度宣传，老板和客户对于 AI 技术的期望过高，就会提出一些超越现有技术能力的需求，这就需要 AI 产品经理能够清楚地知道 AI 的技术边界在哪里，而不是一味迎合，最后导致期望变失望。

3. 科学学习，搭建自我输入输出的闭环

转行要学习的东西很多，关于交流沟通、关于原型和需求文档、关于 AI 技术、关于竞品分析等，学习能力决定了你的能力提升效率。快速地搭建自我的学习模型，对接下来的转岗会有很大帮助。

学习的过程必须有反馈机制，杂技团训练小动物的方法也许我们可以拿来研究一下，做对了给予奖励，做错了给予惩罚，每次完成都有及时反馈，这就是输入输出的闭环，给予反馈，才能更高效地学习。

一个有效的学习过程应该是：输入—加工整理—建立体系—输出—反馈，再回到输入的一个闭环过程。

1）输入：来源可以是 AI 专业书籍，或者通过网络查找，读一些 AI 相关文章，还可以向专业大牛请教。

2）加工整理：把收集到的资料放入到笔记，同主题分类，定期翻看，每次翻看写一小段心得感悟。

3）建立体系：对比梳理，可以利用思维导图搭建思考框架和知识树框架，知识树框架主要体现 2W2H（Why、What、How、How good）内容，至于以后再遇到相关知识，都可以关联到现有的知识树，通过更新迭代扩展这个知识树框架。

4）输出：可以和行业内同行探讨，也可以写成文字通过公众号等渠道发表。只有输出了，才可能获得反馈，也只有得到了反馈，才能知道自己是不是真的懂了。

4. 总结

第一，做任何事情不要有投机的思想，转岗或转行不是为了赶风口，而是人生的一次重大转折。

　　转岗或转行到 AI 产品经理不是给人生找了一条捷径，只不过是换了一个更有想象空间的路罢了，要清楚自己做了多少努力，就会有多大的收益。转了也只是第一步，后面的路还很长。

　　第二，不管你的岗位和你热爱的东西演化成什么样子，只要你在过程中多去理解和揣摩，你就能把握住那些不变的东西，从而跟住这些演化，不被时代甩掉。

　　如果你一直在怀疑和犹豫，那任何行业和任何岗位都不会给你机会。把握本质，砥砺前行。

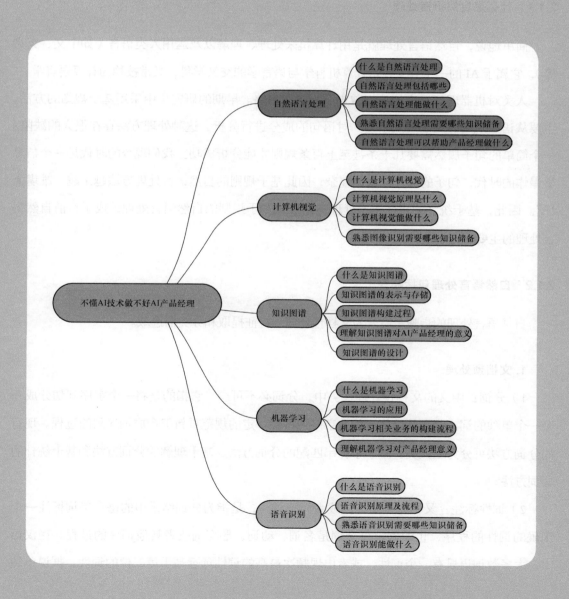

2.1 如何"说"——自然语言处理

假如能够实现不同语言之间的机器翻译，我们就可以理解世界上任何人说的话，与他们进行交流和沟通，再也不必为相互不能理解而困扰。而这种机器翻译所运用到的技术就是自然语言处理（Natural Language Processing，NLP）。

2.1.1 什么是自然语言处理

简单地说，自然语言处理就是用计算机来处理、理解以及运用人类语言（如中文、英文等），它属于 AI 的一个分支，是计算机科学与语言学的交叉学科，又常被称为计算语言学。

人类对机器理解语言的认识曾走了一条大弯路。早期的研究集中采用基于规则的方法，主要从语法规则、文法规则出发，对语句的成分进行分析。这种处理方法存在很大的缺陷：一个简单的句子居然需要几十条甚至上百条规则才能分析成功。我们现今的时代是一个信息量爆炸的时代，句子的成分越来越复杂，因此基于规则的自然语言处理方法越来越"难堪大任"。因此，基于统计的自然语言处理逐渐取代基于规则的自然语言处理，成了目前自然语言处理的主要研究手段。

2.1.2 自然语言处理包括哪些

自然语言处理的步骤一般分为文档预处理、特征提取和分类器选取。

1. 文档预处理

1）分词：中文的文档预处理任务中，分词必不可少，它指的是将一个字序列切分成一个一个单独的词。分词就是将连续的字序列按照一定的规范重新组合成词序列的过程。现有的分词方法可分为三大类：基于字符串匹配的分词方法、基于理解的分词方法和基于统计的分词方法。

2）词性标注：又称为词类标注或者简称标注，是指为分词结果中的每个单词标注一个正确的词性的程序，也即确定每个词是名词、动词、形容词或者其他词性的过程。在汉语中，大多数词语只有一个词性，或者出现频次最高的词性远远高于第二位的词性。据说单纯选取最高频的词性，就能实现 80% 准确率的中文词性标注程序。现如今，比较流行的汉语词性对照表（北大标准/中科院标准）见表 2-1。

表 2-1 汉语词性对照表

词性编码	词性名称	注解
ag	形语素	形容词性语素。形容词代码为 a，语素代码 g 前面置以 a
a	形容词	取英语形容词 adjective 的第 1 个字母
ad	副形词	直接作状语的形容词。形容词代码 a 和副词代码 d 并在一起
an	名形词	具有名词功能的形容词。形容词代码 a 和名词代码 n 并在一起
b	区别词	取汉字"别"的声母
c	连词	取英语连词 conjunction 的第 1 个字母
dg	副语素	副词性语素。副词代码为 d，语素代码 g 前面置以 d
d	副词	取 adverb 的第 2 个字母，因其第 1 个字母已用于形容词
e	叹词	取英语叹词 exclamation 的第 1 个字母
f	方位词	取汉字"方"的声母
g	语素	绝大多数语素都能作为合成词的"词根"，取汉字"根"的声母
h	前接成分	取英语 head 的第 1 个字母
i	成语	取英语成语 idiom 的第 1 个字母
j	简称略语	取汉字"简"的声母
k	后接成分	
l	习用语	习用语尚未成为成语，有点"临时性"，取"临"的声母
m	数词	取英语 numeral 的第 3 个字母，n、u 已有他用
ng	名语素	名词性语素。名词代码为 n，语素代码 g 前面置以 n
n	名词	取英语名词 noun 的第 1 个字母
nr	人名	名词代码 n 和"人（ren）"的声母并在一起
ns	地名	名词代码 n 和处所词代码 s 并在一起
nt	机构团体	"团"的声母为 t，名词代码 n 和 t 并在一起
nz	其他专名	"专"的声母的第 1 个字母为 z，名词代码 n 和 z 并在一起
nx	专名字母	英文单词均被标为 nx
o	拟声词	取英语拟声词 onomatopoeia 的第 1 个字母
p	介词	取英语介词 prepositional 的第 1 个字母
q	量词	取英语 quantity 的第 1 个字母
qg	量词	
r	代词	取英语代词 pronoun 的第 2 个字母，因 p 已用于介词
s	处所词	取英语 space 的第 1 个字母
tg	时语素	时间词性语素。时间词代码为 t，在语素的代码 g 前面置以 t
t	时间词	取英语 time 的第 1 个字母
u	助词	取英语助词 auxiliary
vg	动语素	动词性语素。动词代码为 v。在语素的代码 g 前面置以 v
v	动词	取英语动词 verb 的第一个字母

（续）

词性编码	词性名称	注　解
vd	副动词	直接作状语的动词。动词和副词的代码并在一起
vn	名动词	具有名词功能的动词。动词和名词的代码并在一起
w	标点符号	
x	非语素字	非语素字只是一个符号，字母 x 通常用于代表未知数、符号
y	语气词	取汉字"语"的声母
z	状态词	取汉字"状"的声母的前一个字母
un	未知词	不可识别词及用户自定义词组。取英文 unkonwn 首两个字母（非北大标准，CSW 分词中定义）

3）实体抽取：实体抽取是信息提取、问答系统、句法分析、机器翻译、面向 Semantic Web 的元数据标注等应用领域的重要基础工具，在自然语言处理技术走向实用化的过程中占有重要地位。一般来说，命名实体识别的任务就是识别出待处理文本中三大类（实体类、时间类和数字类）、七小类（人名、机构名、地名、时间、日期、货币和百分比）命名实体，如图 2-1 所示。

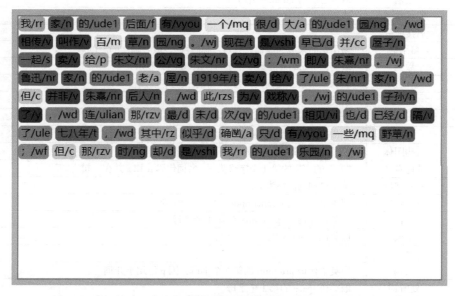

图 2-1　自然语言处理实体命名

2. 特征提取

文本是由一系列文字组成的，这些文字在经过分词后，会形成一个词语集合，对于这些词语集合（原始数据），机器学习算法是不能直接使用的，我们需要将它们转化成机器学习算法可以识别的数值特征（固定长度的向量表示），然后再交给机器学习的算法进行操作。假设一个语料库里包含了很多文章，在对每篇文章做了分词之后，可以把每篇文章看作词语的集合。然后将每篇文章作为数据来训练分类模型，但是这些原始数据是一些词语，并且每篇文章词语个数不一样，无法直接被机器学习算法所使用，机器学习算法需要的是定长的数值化的特征。因此，接下来要做的就是把这些原始数据数值化，这就对应了特征提取。

1）对训练数据集的每篇文章，进行词语的统计，形成一个词典向量。

2）经过词语统计的处理后，每篇文章都可以用词典向量来表示。每篇文章都可以被看作是元素相同且长度相同的向量，不同的文章具有不同的向量值。

3）针对特定的文章，扫描它的词语集合，如果某一个词语出现在了词典中，那么该词语在词典向量中对应的元素置为 1，否则为 0。

在经过上面三步之后，特征提取就完成了。

3. 分类器选取

传统的文本方法的主要流程是人工设计一些特征，从原始文档中提取特征，然后指定分类器（如 LR、SVM），训练模型对文章进行分类，比较经典的特征提取方法有频次法、tf-idf、互信息方法、N-Gram 等。如今机器学习也已经广泛应用到了自然语言处理中，其中利用机器学习的文本分类也分为有监督的分类和无监督的分类。有监督就是训练的样本数据有了确定的判断，基于这些已有的判断来断定新的数据，无监督就是训练的样本数据没有什么判断，完全自发地生成结论。

2.1.3 自然语言处理能做什么

1. 识别垃圾邮件

根据信息产生平台的不同，具体的垃圾信息过滤技术会有区别。但目前主流的垃圾信息过滤技术主要分为基于黑白名单的过滤技术、基于关键字的过滤技术、基于行为模式的过滤技术、基于规则的过滤技术和基于统计机器学习的过滤技术。

2. 文本摘要

自动文本摘要就是一个典型的信息抽取的场景，自动文本摘要是利用计算机自动地从原始文献中提取文摘，文摘是全面准确地反映某一文献中心内容的简单连贯的短文。自动文本摘要的常规思路是将文本作为句子的线性序列，将句子视为词的线性序列。

3. 短文本相似度

短文本相似度计算服务能够提供不同短文本之间相似度的计算，输出的相似度是一个介于 −1 到 1 之间的实数值，数值越大则相似度越高。这个相似度值可以直接用于结果排序，也可以作为一维基础特征作用于更复杂的系统。

4. 评论观点抽取

自动分析评论关注点和评论观点，并输出评论观点标签及评论观点极性，包括美食、酒店、汽车、景点等，可帮助商家进行产品分析，辅助用户进行消费决策。

5. 机器翻译

机器翻译又称自动翻译，是利用计算机将一种自然语言（源语言）转换为另一种自然语言（目标语言）的过程。它是计算机语言学的一个分支，是人工智能的终极目标之一，具有重要的科学研究价值。

6. 话题推荐

话题推荐只是推荐系统的一个小小的应用分支，下面主要通过介绍推荐系统来了解话题推荐的大致内容。自然语言处理可以依据大数据和历史行为记录，学习出用户的兴趣爱好，预测出用户对给定物品的评分或偏好，实现对用户意图的精准理解，同时对语言进行匹配计算，实现精准匹配。例如，在新闻服务领域，通过用户阅读的内容、时长、评论等偏好，以及社交网络甚至是所使用的移动设备型号等，综合分析用户所关注的信息源及核心词汇，进行专业的细化分析，从而进行新闻推送，实现新闻的个人定制服务，最终提升用户黏性。

7. 智能问答

智能问答系统是对有序语料库信息进行有序、科学的组织，并建立基于知识的分类模型。这些分类模型可以指导新添加的咨询和服务语料库信息，节省人力资源，并改善信息处理过程。

2.1.4 熟悉自然语言处理需要哪些知识储备

自然语言处理相对于产品来说，技术门槛比较高，要想熟悉与了解，必须具备一些基本的学科知识，主要包括数学基础、数据结构与算法这两大方面。下面列举一些基础类别以供参考。

1. 数学基础

数学对于自然语言处理的重要性不言而喻。当然数学的各个分支在自然语言处理的不同阶段也会扮演不同的角色，这里介绍几个重要的分支。

（1）代数

代数在自然语言处理中有举足轻重的作用，其中需要重点关注与矩阵处理相关的知识，比如矩阵的 SVD、QR 分解、矩阵逆的求解，正定矩阵、稀疏矩阵等特殊矩阵的一些处理方法和性质等。

（2）概率论

很多自然语言处理场景都是计算某个事件发生的概率。这其中既有特定场景的原因，比如要推断一个拼音对应的汉字，因为同音字的存在，需要计算这个拼音到各个相同发音的汉字的条件概率；也有对问题的抽象处理，比如词性标注的问题，这是因为我们没有很好的工具或者能力去精准地判断各个词的词性，所以就构造了通过概率来解决的办法。

（3）信息论

信息论作为一种衡量样本纯净度的有效方法，对于刻画两个元素之间的习惯搭配程度非常有效。这对于预测一个语素可能的成分（词性标注）以及成分组成的可能性（短语搭配）非常有价值，所以这一部分知识在自然语言处理中也有非常重要的作用。

2. 数据结构与算法

学习了上面的基础知识，只是开始了第一步，要想用机器实现对自然语言的处理，还需要实现对应的数据结构与算法。这里就做一个简单的介绍和说明。

（1）语言学

这一部分主要是语文的相关知识，比如一个句子的组成成分包括主语、谓语、宾语、定语、状语、补语等，各个成分的组织形式也是多种多样。比如对于主语、谓语、宾语，常规的顺序就是：主语→谓语→宾语。当然也会有：宾语→主语→谓语（饭我吃了）。这些知识的积累有助于在模型构建或者解决具体业务问题的时候，能够事半功倍，因为这些知识一般情况下，如果要被机器学习，都是非常困难的，或者会需要大量的学习素材，或许在现有的框架下，机器很难学习到。如果把这些知识作为先验知识融合到模型中，对于提升模型的准确度是非常有价值的。

（2）深度学习

随着深度学习在视觉和自然语言处理领域大获成功，深度学习在自然语言处理中的应用也越来越广泛，人们对于它的期望也越来越高。所以对于这部分知识的了解也已成为了 AI 产品经理必备的能力。

（3）知识图谱

知识图谱的强大这里就不再赘述，对于这部分的学习，更多的是要关注信息的链接、整合和推理的技术。不过上述每一项技术都是非常大的一个领域，所以还是建议从业务实际需求出发去学习相应的环节和知识，适应自己的需求。

2.1.5 自然语言处理可以帮助产品经理做什么

1. 市场调研与分析

大量的数据调研及海量的数据分析是得出更精准的判断依据的前提。AI 产品经理必须要学会运用更科学的方法和现有的技术手段来解决遇到的问题。例如在市场调研过程中，运用爬虫软件抓取海量的竞品 APP 应用市场的评论，运用自然语言处理来得出统计结果。找出竞品优缺点，以便有的放矢地设计自家产品。

2. 产品的定义设计与规划

在产品设计中，AI 产品经理能够了解并且熟悉现有技术手段可实现的能力边界，使产品更智能，比如在搜索框设计模糊联系功能，让用户在搜索过程中更快地找到想要的东西；再比如千人千面应用的产品设计中，可以根据用户所展现的文本内容为用户打标签，从而更精准地展现用户想要的内容，并思考语音唤醒和语音输入等技术手段如何结合自己的产品，让产品的交互性更好。

3. 总结

语言是人与人沟通的介质，自然语言处理技术是人与机器沟通的介质。要想让 AI 产品更智能、更好地服务人类，就必须让机器更 "懂人"。所以说自然语言处理技术是 AI 的基础，是每一个 AI 产品经理必须了解的基础知识。

2.2 如何 "看" ——计算机视觉

2.2.1 什么是计算机视觉

人类获取的外部信息中，超过 80% 来自视觉。在我们获得的所有信息中，视觉信息是最复杂和最丰富的。经过长期的生理进化过程，我们可以轻松地看到和理解周围的事物，但是计算机处理这些视觉信息非常困难。直到 20 世纪 80 年代，神经系统学家马尔（David C. Marr）将神经心理学的知识与 AI 相结合，提出了具有代际意义的 "计算视觉理论"，计算机视觉（Computer Vision，CV）由此成为一门独立的学科。因此，与 AI 的某些学科相比，计算机视觉是一个相对较晚才开始的新学科。在图像、视频等的识别和分析中，经常使用计算机视觉技术。在机器人等应用场景中，通常称其为机器视觉。计算机视觉研究的是使用诸如相机之类的视觉传感设备来模拟人眼的功能，去识别、跟踪和测量物体，简而言之，计算机视觉是"看见"的科学。

2.2.2 计算机视觉原理是什么

计算机视觉系统中，信息的处理和分析大致可以分成两个阶段：图像处理阶段，又称视觉处理中的低水平和中水平阶段；图像分析和理解阶段，又称视觉处理中的高水平阶段。

在图像处理阶段，计算机对图像信息进行一系列的加工处理：

1）校正成像过程中系统引进的光度学和几何学的畸变，抑制和去除成像过程中引进的噪声——统称为图像的恢复。

2）从图像信息（如亮度分布信息）中提取诸如边沿信息、深度信息图像点沿轴方向的尺度信息、表面三维倾斜方向信息等反映客观景物特征的信息。

3）根据抽取的特征信息，把反映三维客体的各个图像基元，如轮廓、线条、纹理、边缘、边界、物体的各个面等，从图像中分离出来，并且建立起各个基元之间的拓扑学和几何学关系，这个步骤称之为基元的分割和关系的确定。

在图像分析和理解阶段，计算机根据事先存储在数据库中的预知识模型，识别出各个基元或某些基元组合所代表的客观世界中的对应实体称之为模型匹配——以及根据图像中各基元之间的关系在预知识的指导下得出图像所代表的实际景物的含义，得出图像的解释或描述。

必须强调的是，预知识在视觉系统中起着非常重要的作用。在预知识数据库中，存储着可能实际遇到的各种物体的知识模型，以及实际场景中各种物体之间的约束关系。计算机的功能是根据所分析图像中的原语及其相互关系，以预知识为指导，最后通过匹配、搜索和推理来获得图像的描述的。

1. 图像分割研究

图像分割是图像处理与机器视觉的基本问题之一。其要点是：把图像划分成若干互不交叠区域的集合。这些区域要么对当前的任务有意义，要么有助于说明它们与实际物体或物体的某些部分之间的对应关系。图像分割的应用十分广泛，几乎出现在有关图像处理的所有领域，并涉及各种类型的图像。例如，在遥感应用中，合成孔径雷达图像中目标的分割；遥感云图中，不同云系和背景分布的分割；在交通图像分析中，把车辆目标从背景中分割出来。在这些应用中，分割通常是为了进一步对图像进行分析、识别和压缩编码，分割的准确性会直接影响后续任务的有效性。

一般来讲，分割出的区域需同时满足均匀性和连通性的条件。其中均匀性是指在该区域中的所有像素点都满足基于灰度、纹理、彩色等特征的某种相似性准则；连通性是指在该区域内存在任意两点的路径。尽管图像处理和机器视觉界的研究者们为此付出了长期的努力，符合以上两点的通用性分割仍面临着巨大的困难，大部分研究成果都是针对某一类型图像、某一具体应用的分割。

2. 数据驱动的分割

常见的数据驱动分割包括基于边缘检测的分割、基于区域的分割、边缘与区域相结合的分割等。对于基于边缘检测的分割，其基本思想是先检测图像中的边缘点，再按一定策略连接成轮廓，从而构成分割区域。难点在于边缘检测时抗噪声性能和检测精度的矛盾，若提高检测精度，则噪声产生的伪边缘会导致不合理的轮廓；若提高抗噪声性能，则会产生轮廓漏检和位置偏差。为此，人们提出各种多尺度边缘检测方法，根据实际问题设计多尺度边缘信息的结合方案，以较好地兼顾抗噪声性能和检测精度。

基于区域的分割的基本思想是根据图像数据的特征，将图像空间划分成不同的区域。常用的特征包括：直接来自原始图像的灰度或彩色特征和由原始灰度或彩色值变换得到的特征。基本方法有阈值法、区域生长法、聚类法、松弛法等。

边缘检测能够获得灰度或彩色值的局部变化强度，区域分割能够检测特征的相似性与均匀性。将两者结合起来，通过边缘点的限制，避免区域的过分割，同时通过区域分割补充漏检的边缘，使轮廓更加完整。例如，先进行边缘检测与连接，再比较相邻区域的特征（灰度均值、方差），若相近则合并，之后对原始图像分别进行边缘检测和区域生长，获得边缘图和区域片段图后，再按一定的准则融合，得到最终分割结果。

3. 模型驱动的分割

常见的模型驱动分割包括基于动态轮廓（Snakes）模型、组合优化模型、目标几何与统计模型。Snakes 模型用于描述分割目标的动态轮廓。由于其能量函数采用积分运算，具有较好的抗噪声性，对目标的局部模糊也不敏感，因而适用性很广。但这种分割方法容易收敛到局部最优，因此要求初始轮廓应尽可能接近真实轮廓。

近年来，对通用分割方法的研究倾向于将分割看作一个组合优化问题，并采用一系列优化策略完成图像分割任务。主要思路是在分割定义的约束条件之外，根据具体任务再定义一个优化目标函数，所求分割的解就是该目标函数在约束条件下的全局最优解。由于目标函数通常是一个多变量函数，可采用随机优化方法。

基于目标几何与统计模型的分割是将目标分割与识别集成在一起的方法，常称作目标检测或提取。基本思想是将有关目标的几何与统计知识表示成模型，将分割与识别变为匹配或监督分类。常用的模型有模板、特征矢量模型、基于连接的模型等。这种分割方法能够同时完成部分或全部识别任务，具有较高的效率。然而由于成像条件变化，实际图像中的目标往往与模型有一定的区别，有误检与漏检的隐患，匹配时的搜索步骤也颇为费时。

4. 图像分割的半自动方法

从人工参与程度来看，图像分割可分为人工、半自动、自动等三种类型。其中人工分割完全由操作者利用鼠标勾画出分割区域的轮廓，费时费力，且容易受操作者主观因素的影响，重复性差；自动分割不需人机交互，但适应性差，很难实现对一批图像同时获得满意的分割效果；半自动分割将人机交互与自动分割相结合，能够适应不同的图像和需求，且有效降低计算复杂度。目前半自动分割中人机交互的方式有：勾画目标的大致轮廓，构成自动分割的初始化；根据特定的图像和任务调整算法参数；在分割过程中加入人工交互环节等。总之，从实用化的角度看，自动分割仍是长期努力的方向。目前更为现实的是在自动分割前或分割过程中加入人机交互的半自动分割。其发展方向为尽可能少和简便的人机交互。可见，图像分割是图像处理和机器视觉必不可少的重要环节，也是图像理论发展的瓶颈之一。随着计算机速度与容量的快速发展，图像处理与机器视觉实用化系统硕果累累。例如，基于内容的图像检索系统、智能监视系统、视觉引导的智能交通系统、手写体字符／人脸／指纹／虹膜识别系统等。然而有关的理论研究并没有取得突破性进展。

2.2.3 计算机视觉能做什么

1. 图像分类（Image Classification）

图像分类，也可以称为图像识别，顾名思义，就是辨别图像是什么。图像分类是根据图像的语义信息将不同类别图像区分开来，是计算机视觉中的基本问题，也是图像检测、图像分割、物体跟踪、行为分析等其他高层视觉任务的基础。图像分类根据不同分类标准可以划分为很多方向。

图像分类包括通用图像分类和细粒度图像分类等。通用图像分类例如分出图片中的狗或者猫，如图 2-2 所示，细粒度图像分类就比如分辨出猫的种类。

图 2-2　图像识别猫的头像

图像分类已广泛应用于许多领域，包括安全领域中的人脸识别和智能视频分析，交通领域中的交通场景识别，互联网领域中基于内容的图像检索和自动相册分类以及医疗领域中的图像识别。

2. 图像分割（Object Segmentation）

图像分割是基于图像检测的，它需要检测到目标物体，然后把物体分割出来，是由图像处理到图像分析的关键步骤。

下面给出一个具体的分割实例。图 2-3 所示为肿瘤分割过程示意图，这个例子不仅可以区分出脑部区域，而且能够用于脑部肿瘤的识别和分割。

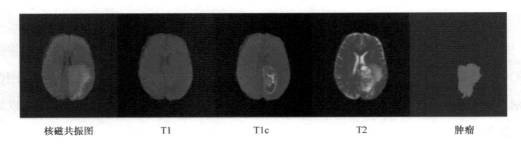

核磁共振图　　　　T1　　　　T1c　　　　T2　　　　肿瘤

图 2-3　肿瘤分割过程示意图

3. 风格迁移（Style Transfer）

风格迁移是指将一个领域或者几张图片的风格应用到其他领域或者图片上。比如将抽象派的风格应用到写实派的图片上，如图 2-4 所示。

内容

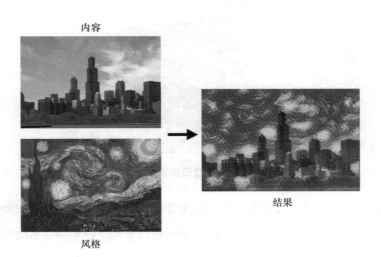

风格

结果

图 2-4　风格迁移示例

4. 图像修复（Image Inpainting）

图像修复，其目的就是修复图像中缺失的地方，比如可以用于修复一些老的有损坏的黑白照片和影片。或者是为黑白照片着色。还可以修复分辨率低的图像。例如由 Google Brain 发布的一个名为 Pixel Recursive Super Resolution 的 AI 系统，能提高像素乱化处理后的照片分辨率，也就是能够清除马赛克，如图 2-5 所示。

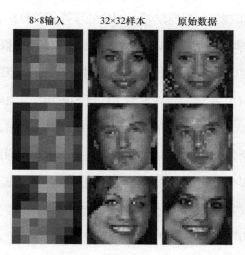

图 2-5　左列：马赛克版本，中间列：Google AI 还原版本，右列：原图

5. 图像合成（Image Synthesis）

图像合成是根据一张图片生成修改部分区域的图片或者是全新的图片的任务。例如通过单一侧面照片合成正面人脸图像。

2.2.4　熟悉图像识别需要哪些知识储备

1. OpenCV

OpenCV 是一个计算机视觉库，是计算机视觉领域目前全球应用最广、最知名的开源组织之一。OpenCV 的创始人 Gary Bradski 是斯坦福大学 Stanford CS 项目顾问，联合创立了 Stanford AI Robotics（STAIR）课程，并由此催生了 PR1 和 PR2 机器人、ROS 机器人操作系统，也曾创立 Industrial Perception、Arraily 等业内知名公司，是一名连续创业者。Gary Bradski 曾组织了 Stanley 机器人团队中的视觉团队，帮助其赢得 2005 年美国穿越沙漠 DARPA 机器人挑战大赛桂冠。而大赛中所用到的技术，也为后来谷歌公司的自动驾驶奠定了重要基础。

OpenCV 是使用 C++ 进行编写的、以 BSD 许可证开放源代码的、跨平台的计算机视觉库。它提供了上百种计算机视觉、机器学习、图像处理等相关算法，新版本的 OpenCV 支持 Tensorflow、Caffe 等深度学习框架。OpenCV 的底层优化处理得很好，能够支持多核处理，能够利用硬件实现加速。由于该库是以 BSD 许可证进行开源的，因此可以被免费应用在科学研究与商业应用中。OpenCV 在诸多领域得到了广泛的应用，例如物体检测、图像识别、运动跟踪、增强现实等场景。OpenCV 中的图片以 RGB 的形式存储，只不过在 OpenCV 中的颜色通道顺序不是 RGB 而是 BGR，这可以归结为一个历史遗留原因。因为 OpenCV 库的研发历史比较"悠久"，在那个时代，BGR 是数码相机设备的主流表示形式。OpenCV 只是一个算法库，能为搭建计算机视觉应用提供"砖头"。我们并不需要完全精通了算法原理之后才去使用 OpenCV，只要了解了"砖头"的功能，就可以动手了。在实践中学习才是最高效的学习方式。

2018 年 9 月，Gary Bradski 成为中国创业公司蓝胖子机器人的首席科学家。

2. 光学字符识别

光学字符识别（Optical Character Recognition，OCR）是指对文本资料的图像文件进行分析识别处理，获取文字及版面信息的过程。通常，图像信息通过扫描仪、照相机、电子传真软件等设备获取并存储在图像文件中，然后 OCR 软件读取、分析图像文件并通过字符识别提取出其中的字符串。根据识别场景，可大致将 OCR 分为识别特定场景的专用 OCR 和识别多种场景的通用 OCR。比如现今方兴未艾的证件识别和车牌识别就是专用 OCR 的典型实例。通用 OCR 可以用于更复杂的场景，也具有更大的应用潜力。但由于通用图片的场景不固定，文字布局多样，因此难度更高。

典型的 OCR 的技术路线如图 2-6 所示。

图 2-6　典型的 OCR 的技术路线

在 OCR 技术中，图像预处理通常是针对图像的成像问题进行修正。输入文本经过扫描仪进入计算机后，由于纸张的厚薄、光洁度和印刷质量都会造成文字畸变，产生断笔、粘连和污点等干扰，所以在进行文字识别之前，要对带有噪声的文字图像进行处理。由于这种处理工作是在文字识别之前，所以被称为预处理。预处理一般包括灰度化，二值化，几何变换（透视、扭曲、旋转等），畸变校正，去除模糊，图像增强，光线校正，行、字切分，平滑，规范化等。

OCR 技术的步骤繁多，涉及的算法复杂。但随着识别算法的不断改进和成熟，文字编码库更加精准，OCR 识别的准确率大幅提升，目前 OCR 文字特征的主流算法的文字识别率几乎能达到 95% 以上，同时，也有比较成熟的 OCR 引擎能够帮助开发人员提高开发效率。

2.3　如何"记忆"——知识图谱

2.3.1　什么是知识图谱

知识图谱概念最开始由谷歌公司提出，为了提升搜索引擎返回的答案质量，通过知识图谱的构建，去发现用户查询文本背后的语义信息，从而返回更准确的信息。以"李小龙"为例，如果不用知识图谱，用户搜索"李小龙的儿子是谁"时，只能通过关键词搜索的方式分析网页中关键词包含"李小龙""儿子"等关键词的网页。但是，通过知识图谱搜索，可以精确搜索出准确答案，我们以搜狗搜索为例，如图 2-7 所示。

我们在搜索"李小龙的儿子是谁"的时候，首先会对这个文本进行语义识别，识别出来一个实体——"李小龙"和一个关系——"儿子"，然后通过关系图谱就会精确查到实体与关系的指向，最终完成精确的检索。通过知识图谱的辅助和搜索引擎背后的语义分析，返回更加精确、结构化的数据。

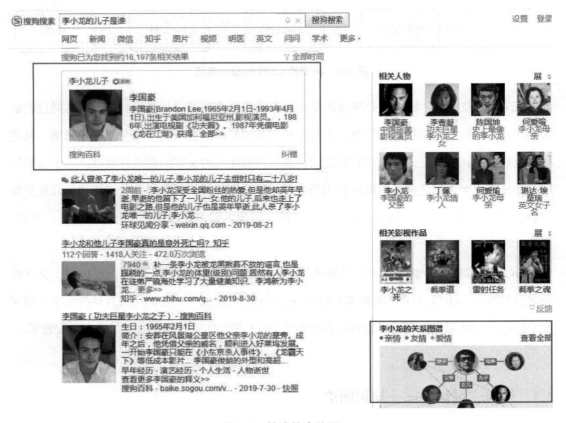

图 2-7　搜狗搜索结果

知识图谱起源于 20 世纪 60 年代的语义网络。语义网络（Semantic Network），是一种以网络格式表达人类知识构造的形式。它是由结点和结点之间的弧组成，结点表示概念（事件、事物），弧表示它们之间的关系。

知识图谱本质上是语义网络，是一种基于图的数据结构。因此从数据角度来看，知识图谱通过对结构化数据、非结构化数据、半结构化数据进行处理、抽取、整合，转化成"实体—关系—实体"的三元组，然后聚合大量知识，实现快速的响应，如图 2-8 所示。

知识图谱在不同视角下有着不同的技术理解。

从应用层面的视角来看，知识图谱是用来描述真实世界

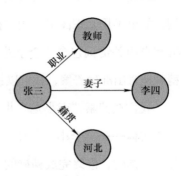

图 2-8　三元组案例

中存在的实体,以及它们之间的关系。

从互联网的视角来看,知识图谱与文本之间的超链接一样,通过图谱建立数据之间的语义链接。比如,张三的妻子是李四,通过图数据方式支持实体与实体之间的关系的检索。

从自然语言处理的视角来看,知识图谱意味着从非结构化数据、半结构化数据中提取数据,抽取其中的语义的方法。比如,我们拿到张三的简历,简历上写出生地是河北,通过提取规则来获取到"张三""河北"这两个实体,以及"籍贯"这个关系,并结构化存储起来。

从 AI 的视角来看,知识图谱可以用来辅助理解人类的语言,并进行相应关系的查询和机器的推理。

2.3.2 知识图谱的表示与存储

了解了知识图谱的概念,那么知识图谱是如何存储知识数据以及如何呈现出来的,也就是说知识图谱如何"记忆"的呢?作为 AI 产品经理,理解知识图谱的表示与存储对我们有什么意义呢?这些问题将在本节进行解释与回答。

1. 知识图谱的表示

知识图谱的表示,是指计算机通过何种方式来表达真实世界中包含的知识数据。前面讲过,知识图谱本质上就是语义网络的知识库,因此我们可以简单把知识图谱的表示理解为多关系图,是基于向量空间学习的分布式知识表示。

在现实世界社交网络中,我们可以找到很多实体,比如某某人、某某公司、某某人手机号、某某公司注册地址等都可以作为实体数据。实体与实体之间的关系也不是一成不变的,比如人与工作岗位的关系,并不是一成不变的,是根据人的工作年限、努力程度,其工作岗位会有变动。因此人与工作岗位的关系中可以有曾任职、现任职等关系,如图 2-9 所示。

图是由点和边来构成的,在知识图谱中,用"实体"来表达图中的点,用"关系"来表达不同点之间的联系,图 2-9 中的圆形代表实体,点与点之间的连线代表关系,关系是不同实体之间的真实联系,比如李四是张三的妻子,张三的籍贯是河北等,上面提到的妻子、籍贯都是真实世界中的关系。

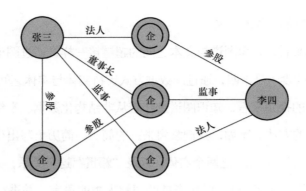

图 2-9 企业关系的图谱

2. 知识图谱的存储

知识图谱主要有两种存储方式：一种是基于资源描述框架（Resource Description Framework，RDF）的存储；一种是基于图数据库的存储。RDF 以三元组的方式来存储数据，而且不包含属性信息，图数据库一般以属性图为基本的表示方式，常用的图数据库是 Neo4j。

知识图谱的原始数据类型一般来说有三类：

结构化数据：如关系数据库；

非结构化数据：图片、PDF、视频、音频、文本等；

半结构化数据：百科知识、JSON、XML 等。

对于后台产品经理，对关系型数据库并不陌生，有人会提问，数据以及关系不一定通过知识图谱，通过一般二维表数据也可以达到效果，比如建一个人员基本信息表，建一个家庭关联关系，也是可以查询到的，见表 2-1。

表 2-1 二维表关系表示案例

人员基本信息			
人员 ID	姓名	籍贯	职业
001	张三	河北	教师
002	李四	河北	程序员
家庭关联关系			
关系 ID	人员 1ID	人员 2ID	关系
000001	001	002	夫妻

那么，知识图谱图数据库存储方式与关系型数据库到底有什么区别呢？其实，关系型数据库存储方式与图数据库存储方式之间的作用不是非此即彼的，而是相互配合使用的，根据不同的业务场景来使用。

图数据库是多关系的建模，关系型数据库是不同表之间的关系，如果关系太多，对关系型数据库并不友好。在图数据库中可以把籍贯、职业拆分出来一个关系。不仅如此，如果把身份证号作为一个实体，那么姓名、曾用名等都可以拆分出来一个关系，这个是关系型数据库难以做到的。

图数据库更加适用于通过实体的分析找到对业务有利的更多的关系。比如，把籍贯的地址可以拆出来多个关系，现居住地、曾居住地、出生地等，这样一来，同样一个实体（河北）可以拆出三种关系来满足不同业务场景。

知识图谱更加关注关系，尤其是一些隐含的关系和动态关系。当然，对于多关系的查询，图数据库的性能更好。关系型数据库更是对数据的记录，多用于一些业务流程数据，比如电商里面的订单销售数据、合同数据、结算数据等，能够记录、反映、分析基本业务要求与场景。图数据库更多是配合业务要求，去辅助业务，比如订单销售数据中记录用户买了什么产品这一事实，可以通过统计功能做一些业务分析。

如果做一些个性化推荐功能，可以通过图数据库的方式，通过用户信息和产品某些特性之间建立关系，可以为客户提供个性化的推荐方案，在一定程度上，图数据库存储方式可以帮助系统实现推理的功能。比如，张三是一个厨师，张三和厨师关系上有个属性就是做饭好吃，李四也是一个厨师，通过人与厨师的关系属性，可以推理出来李四做饭也好吃。这也是图数据库存储数据应用的一个最重要的作用。

2.3.3 知识图谱构建过程

了解了知识图谱概念和知识图谱的数据结构，下面简单描述一下如何构建知识图谱，构建知识图谱对 AI 产品经理有什么意义。

1. 知识图谱的逻辑架构

在说明知识图谱构建流程之前，我们先了解其逻辑架构。知识图谱在逻辑上分为模式层和数据层。

模式层是知识图谱的核心，构建在数据层之上，也就是定义通用概念为实体和实体间的关系，即构建本体库，也就是指构建"实体—关系—实体""实体—属性—值"。

数据层是知识图谱的事实数据，以相关事实为单位进行存储，比如"张三—妻子—李四""张三—出生年份—1985"等。

2. 知识图谱构建流程

知识图谱的构建是后续应用的基础，知识图谱确定了本体库，就需要对知识图谱的数据进行构建。具体构建过程包含 3 个阶段：信息抽取、知识融合、知识加工。

（1）信息抽取

信息抽取指从各种数据源中进行实体识别、关系识别，从而抽取实体、关系、属性以及实体间的关系、属性的值，以完成本体的知识表达，具体可以参照前文关于知识库的表达部分。对于知识图谱来说，数据源有结构化数据、非结构化数据和半结构化数据。数据渠道一般是三种：

1）业务的关系数据，这些数据通常存储在公司内数据库中；

2）结构化数据，或者是系统交互中 JSON 数据，虽然没有结构化，但是仍然可以通过功能进行存储，一般情况下，定义好了本体，这种数据可以直接使用；

3）网上公开发布的可以抓取的数据，通常以网页形式存在，这种一般要采用爬虫技术，通过本体库相关关键词进行数据的爬取并结构化；数据信息的结构化提取一般需要用到自然语言处理技术。

信息的抽取是知识图谱构建的第一步，关键是如何从数据源中自动抽取到实体、关系、属性等结构化数据。实体识别又称为实体抽取，就是从文本中自动识别出命名的实体，它是信息抽取中最基础的部分。关系识别是进行语义的识别，抽取到实体间的关系，这个是信息抽取中最关键的部分，也是形成网状知识结构的基础。在进行信息抽取的过程中，尤其是非结构化数据，需要运用各种算法模型等相关机器学习方法进行实体、关系识别，比如"张三的老师是李四""李四是张三的学生"两句话所表述有张三、李四两个实体以及二者的关系，尤其是关系有着不同的表达方式，需要运用算法模型进行识别。除此之外，对于属性的抽取实现的是对知识图谱本体构建的完整勾勒。

（2）知识融合

知识融合的意义是判别同义、近义，消除歧义、矛盾。某些实体数据在显示世界中有多种表达方式，比如公司的注册名称、公司的简称等，要对这些知识进行同义融合，再比如某些特定的称谓也许对应着多个不同的实体。

知识融合包括两部分：实体链接和知识合并。

1）实体链接，是指对于从文本中抽取得到的实体对象，将其链接到知识库中对应的正确实体对象的操作。一般是从知识库中选中一些候选的对象，然后通过相似度将指定对象链接到正确的实体。流程如下：通过实体抽取获取实体指称项—实体消歧（解决同名实体歧义）和共指消解（多个指称指向同一实体进行相应的合并）—将实体指称链接到知识库对应的实体。

2）知识合并，从第三方知识库产品或是已有的结构化数据中进行知识的获取，一般要合并外部知识库和合并关系数据库，合并中要避免实体与关系的冲突问题，防止不必要的冗余。

（3）知识加工

某些知识需要进行质量评估，并且有些还需要人工介入与甄别，并进行数据修正，然后再将正确的数据加入到知识库中，保证其中的质量。这个阶段就是知识加工。

知识加工主要包含：本体构建、知识推理和质量评估。

从数据源中通过信息的抽取，经过实体、关系的识别和相关异常数据融合后，就可以构建本体库了。但是构建完本体库后，只能算搭建好了雏形，有的关系可能存在残缺，这时可以运用推理技术，完成进一步知识的发现。比如 A 是 B 的配偶，B 生活在 C 城市。如果我们从数据中没有提取到 A 和 C 的关系，那可以通过配偶关系，推理出来 A 也生活在 C 城市。质量评估就是知识的可信度进行量化，对一些置信度比较低的知识进行舍弃。在处理过程中，人的参与也非常重要。

2.3.4 理解知识图谱对 AI 产品经理的意义

1. 理解知识图谱的表示和存储对 AI 产品经理的意义

理解知识图谱的表示和存储，对 AI 产品经理最重要的意义就是根据业务需求，定义实体、关系、属性以及属性值。对于后台产品经理，在设计产品功能的时候，有 4 个基本对象需要设计：

1）存储数据的字段；

2）梳理业务的流程；

3）规则设计（业务规则、输入规则、逻辑规则等）；

4）页面交互的设计。

其中字段设计贯穿这 4 个基本对象设计，设计后台系统展现的表单信息来源于字段，业务流程中体现的业务信息载体是字段，规则设计中相关规则控制对象也是字段，因此，设计好字段是后台产品设计最基础也是最核心的工作。字段涉及如下维度：

字段所属对象： 就像后台按照模块分类一样，字段也有所属对象的分类，比如商品、用户、订单、结算单、提现单、红包、奖励券、客户等，这些对象是字段承载的载体。

字段值类型： 字段值类型常用的包括字符串（比较常用）、枚举（审核状态、是否项目等）、日期时间、浮点数（金额类型，定义小数点后位数，小数点前位数）、数字（正整数、是否可以为负等）。

字段是否必填： 这个是指字段在写入值的时候是必须有值的还是可以为空，比如新增一个商品，商品编码、商品名称是必填，商品关键字可以为空等。

字段值来源： 字段值来源是指字段在写入的时候来源于哪里，常见的包括以下几种：来源于输入（就是通过应用前端某一个页面通过用户输入或是选择获取的值）；系统自动生成（比如创建时间、业务编号等字段）；来源于其他数据（比如订单里面的商品编码字段，就来源商品里面的商品编码字段）。

字段值长度： 字段值长度是存储在数据库中值的最长长度是多少，比如字符串类型，可以规定长度 32 位，这个一般根据业务需求制定的一个最长长度，便于开发设计表结构。当数据项很清晰的时候，对于开发人员的理解业务、设计都有很好的促进作用。

对产品做任何功能的设计，对数据的设计永远是第一步。对知识图谱也一样，要明确储存哪些实体，建立哪些关系，哪些是属性，属性值是什么。比如，防欺诈系统中，如果发现两个不同的用户拥有了同一个手机号或是居住地址，并且两者没有任何家庭关系的时候，我们就认为这是一个具有欺诈行为的用户（因为一般用户和手机号是一对多的，手机号对用户是一对一的，一个手机号不太可能给两个用户使用）。这时系统就会把手机号、姓名、身份证号、地域作为实体，然后建立联系方式、身份信息隶属、居住地、家庭关系等相关关系，通过手机号、姓名的联系方式关系查询一目了然。

因此，图谱的使用也离不开产品经理对业务的深入理解，在深入理解的前提下，理解知识图谱的存储与表示，能更好地帮助产品经理定义知识图谱，定义实体、关系、属性以及属性值。

2. 理解知识图谱的构建对 AI 产品经理的意义

在知识图谱构建过程中，会综合运用知识图谱存储技术、相似度算法模型、深度学习等技术方法，是不是只需要技术人员参与就可以了？其实并不是。相反，构建知识图谱需要产品经理与技术人员深度合作与交流，在某些图谱构建过程中，产品经理还处于主导作用。

每一步的构建过程都需要产品经理与技术人员的沟通，所以再次重申：理解技术，理解技术的应用，参与到技术应用过程中，对 AI 产品经理很重要。

2.3.5　知识图谱的设计

在了解知识图谱是什么，知识图谱如何表示，知识图谱的构建过程，以及产品经理的重要作用之后，我们就该思考一个完整的知识图谱应如何设计。它主要包含以下步骤：

1）定义业务需求；

2）数据收集与处理；

3）图谱数据的设计；

4）知识图谱的存储；

5）算法开发；

6）应用开发。

很多人都认为，构建知识图谱主要靠算法和开发，但其实对业务需求的理解以及图谱数据的设计更为重要。比如在做后台产品设计的时候，数据库表的设计尤其关键，数据库表设计的数据项与对业务的深入理解是紧密联系在一起的。表 2-2 为普惠金融公司首席数据科学家李文哲对构建知识图谱时各环节重要性占比的理解。

表 2-2　李文哲对构建知识图谱时各环节重要性占比的理解

很多人认为		其实	
业务理解	10%	业务理解	30%
图谱设计	10%	图谱设计	30%
算法	50%	算法	20%
开发	30%	开发	20%

可见，李文哲认为构建一个知识图谱，最重要的是业务理解、图谱数据的设计，这恰恰是产品经理需要主导的设计工作。以下将重点介绍定义业务需求、数据收集与处理以及图谱数据的设计。

1. 定义业务需求

在知识图谱中定义业务需求主要从如下两方面入手。

要解决什么问题，这个跟前端、后台产品经理一样，可以通过理解业务流程、梳理数据字段和原型交互来实现业务需求的表达。知识图谱也一样，图谱也有上层应用，比如问答机器人、个性化推荐等，通过一定应用介质实现需求的输入和输出。

解决目标需求是否需要使用知识图谱？回答这个问题就是需要在设计需求的时候，判断完成此需求需要什么功能，假如，只是完成一个查询需求，查询一些关系数据就够了，比如查询订单信息，这个就是单纯查询业务系统的业务数据，那就无需设计知识图谱。

什么样的需求可以用知识图谱呢？要想解决这个问题，就需要我们深入理解数据的存储方式，目前数据存储的设计主要是关系型数据库和知识图谱型的数据库存储。因此了解需求所需要的数据，以及数据的使用方式，是判定是否使用知识图谱最好的方法。

知识图谱数据库对比关系型数据库，最大的功能是数据间的多关系应用，一般知识图谱数据库存储方式解决的是多关系以及关系间的深度搜索、及时性 / 多样化的数据以及数据孤岛的问题。除此之外，由于知识图谱多关系的存在，通过关系网的基础，可以进行知识图谱推测与推理。

（1）关系需求

关系需求指需求涉及数据间多关系的查询和多关系的应用，这时可以考虑采用知识图谱。具体什么样的关系可以通过知识图谱呢？以下提供两个思路给予借鉴：

1）某一数据存在与多实体产生关系：是指某一项数据跟多个实体间有关系，通过这一条数据的查找可以找到相关实体的数据。比如，把一个年龄数据做成一个实体，实体是 30 周岁，某一款产品适用产品范围是 10~50 周岁，如果通过这个人的年龄查找这个产品，就可以建立两个实体间的关系，一个是人的年龄关系，一个是产品适用年龄关系，这样就能很快查找到。

2）多实体间多关系查找实体：通过一个实体查找另一个实体的时候，存在多个关系，需要多个关系判断去查找另一个实体。比如，人、出生地、年龄之间有三个实体、两个关系，某一款产品、售卖地区、适用年龄也是三个实体两个关系，通过人的出生地、年龄实体数据以及关系，可以相应查到这个售卖地区、适用年龄的某款产品。可见，知识图谱能解决数据间多关系、深层次关系的实体查询。

（2）推理需求

知识图谱不仅是根据关系的检索，更重要用途是推理，用来发现图谱中的隐藏关系，发现新知识。

1）通过实体间的关系推理相关关系：比如张三和李四之间是夫妻关系，王五是张三的领导，王五居住在 A 城市，我们可以推论李四也居住在 A 城市。

2）通过实体间的关系推理相关属性：这个与通过实体间的关系推论关系道理类似，也可以通过一个实体间的关系、根据实体的属性推断另一个实体的属性。

AI 涉及的推理方法有很多，有基于逻辑的推理，有基于深度学习的推理，也有基于图谱的推理，本质上是通过关系、属性的因素做的推理。

2. 数据的收集与处理

定义好业务需求，就得根据业务需求找相关的数据。前文在知识图谱的构建过程中关于信息提取的内容里，介绍了知识图谱数据的几种来源，这里重点介绍在收集数据的时候如何跟技术人员配合。

结构化数据是知识图谱最信赖的数据，通常来自于业务系统产生的数据，比如用户画像数据、销售数据、合同数据、资源数据、财务数据等。凡是已经结构化的关系型数据，都可以结合业务的需求，来判定是否需要加入知识图谱中，这些数据如何提供给技术同事呢？很简单，EXCEL 表就可以了，只要告诉技术同事结构化数据中哪些需要写入图谱中就可以。

对于半结构化数据，则要考虑两点：在开发资源中没有存储在结构化数据库中，但是存在于 JSON 中的数据，这些可以通过开发能力来解析 JSON 中的数据，结构化到知识图谱中。通过数据爬虫的方式，爬虫工程师在网页上爬取相关的数据，这需要产品经理明确爬取哪些网页以及网页的哪些数据项，这些数据项拆分哪些字段，先形成结构化数据，然后再写入知识图谱中。

非结构化数据主要是一些文档、文件等，比如合同文件、文章、PDF 文档等，需要产品经理明确要提取这些文档哪些知识以及提取规则，再通过算法识别、提取、训练等手段，提取成结构化数据，最终写入知识图谱中。

3. 图谱数据的设计

拿到了数据，就要开始设计知识图谱了。设计知识图谱不仅需要对业务有很深的理解，也需要考虑图谱的实用性、高效性。

设计知识图谱的核心任务是设计知识图谱的三元组，也就是要明确哪些数据是实体、哪些数据是属性、实体之间有什么关系。这个在设计过程中需要深入理解，要根据业务需求去设计。要注意的是：实体是数据不是一个类，比如产品不是实体，一个具体的产品名称是一个实体；属性也是一样，是一个具体的值，比如性别不是属性，男、女才是属性；只有关系是一个类，比如人的年龄，年龄就是一个关系。

除此之外，知识图谱设计的艺术性还体现在，实体和属性在不同业务要求下，可以有不同的定义。有些实体可以作为属性，有些属性可以作为实体，这要具体看业务需求。比如年龄数据，如果不需要跟其他实体产生关系，就可以作为属性；如果需要产生关系，就要作为实体。在设计图谱的时候，还要把握哪些数据是冗余的、不需要的。作为产品经理在做知识图谱设计的时候，最重要的就是这个三元组的设计。

总之，AI 通过知识图谱"记忆"方式，对现实世界的事物及其相互间的关系进行转化与存储，并随着事物的发展与变化更新存储的知识，形成知识库，来表示现实世界。

2.4 如何"理解"——机器学习

2.4.1 什么是机器学习

1. 机器学习概念

机器学习的核心是"使用算法解析数据，从中学习，然后对新数据做出决定或预测"。通俗地讲，机器学习就是计算机对一部分数据进行学习，然后对另外一些数据进行预测与判断，也就是说计算机利用已获取的数据得出某一模型，然后利用此模型进行预测的一种方法，这个过程跟人的学习过程有些类似，获取一定的经验，可以对新问题进行预测。

比如支付宝春节的"集五福"活动，我们用手机扫"福"字照片识别福字，这个使用的就是机器学习的方法。为计算机提供"福"字的照片数据，通过算法模型训练，系统不断更新学习，当输入一张新的福字照片，机器自动识别这张照片上是否有福字。

机器学习是一门多领域交叉学科，涉及概率论、统计学、计算机科学等多门学科。机器学习的概念就是通过输入海量训练数据对模型进行训练，使模型掌握数据所蕴含的潜在规律，进而对新输入的数据进行准确的分类或预测，如图 2-10 所示。

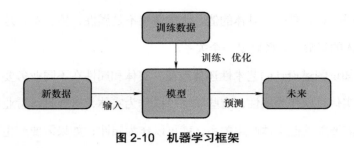

图 2-10　机器学习框架

2. 机器学习分类

（1）监督学习

监督学习就是机器学习模型的样本数据有对应的目标值，通过对数据样本因子和已知的结果建立联系，提取特征值和映射关系，对已知的结果与已知数据样本不断地学习和训练，产生新的数据进行结果的预测。

监督学习通常用在分类和回归。比如手机识别垃圾短信，电子邮箱识别垃圾邮件，都是通过对一些历史短信、历史邮件做垃圾分类的标记，对这些带有标记的数据进行模型训练，当获取到新的短信或是新的邮件时，进行模型匹配，来识别此短信或是邮件是否是垃圾短信或邮件，这就是监督学习下分类的预测。

举一个回归的例子，比如要预测公司净利润的数据，可以通过历史上公司利润（目标值），以及跟利润相关的指标，比如营业收入、资产负债情况、管理费用等数据（因子），通过回归的方式得到的一个回归方程，建立公司利润与相关因子的方程式，通过输入因子数据，来预测公司利润。

监督学习难点是获取具有目标值的样本数据成本较高，尤其是这些训练集的数据绝大部分要依赖与人工标注工作。

（2）无监督学习

无监督学习跟监督学习的区别就是选取的样本数据无需目标值，也无需分析这些数据对某些结果的影响，只是分析这些数据内在的规律。

无监督学习常用在客户分群、因子降维等聚类分析上面。比如 RFM 模型的使用，通过客户的销售行为（消费次数、最近消费时间、消费金额）指标，来对客户数据进行聚类：

1）重要价值客户：最近消费时间近、消费频次和消费金额都很高；

2）重要保持客户：最近消费时间较远，但消费频次和金额都很高，说明这是个一段时间没来的忠诚客户，我们需要主动和他保持联系；

3）重要发展客户：最近消费时间较近、消费金额高，但频次不高，忠诚度不高，很有潜力的用户，必须重点发展；

4）重要挽留客户：最近消费时间较远、消费频次不高，但消费金额高的用户，可能是将要流失或者已经要流失的用户，应当基于挽留措施。

无监督学习相比监督学习的优势在于数据获取成本低，没有必要进行人工标注，可直接将数据进行目标处理。

（3）半监督学习

半监督学习是监督学习和无监督学习相互结合的一种学习方法，通过半监督学习的方法可以实现分类、回归、聚类的结合使用。

1）半监督分类：是在无类标签的样本的帮助下训练有类标签的样本，获得比只用有类标签的样本训练得到更优的分类；

2）半监督回归：在无输出的输入的帮助下训练有输出的输入，获得比只用有输出的输入训练性能更好的回归结果；

3）半监督聚类：在有类标签的样本的信息帮助下获得比只用无类标签的样例得到的结果更好的簇，提高聚类方法的精度；

4）半监督降维：在有类标签的样本的信息帮助下找到高维输入数据的低维结构，同时保持原始高维数据和成对约束的结构不变。

半监督学习是最近比较流行的方法。

（4）强化学习

强化学习是一种比较复杂的机器学习方法，强调系统与外界不断地交互反馈，它主要是针对流程中不断需要推理的场景，比如无人汽车驾驶，它更多地关注性能，是机器学习中的热点学习方法。

（5）深度学习

深度学习是目前关注度很高的一类算法，深度学习
（Deep Learning，DL）属于机器学习的子类。它的灵感来源
于人类大脑的工作方式，是利用深度神经网络来解决特征表
达的一种学习过程。AI、机器学习、深度学习关系如图 2-11
所示。

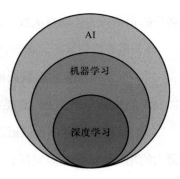

深度学习归根结底也是机器学习，不过它不同于监督学
习、半监督学习、无监督学习、强化学习的这种分类方法，

图 2-11　人工智能、机器学习、深度学习的关系

它是另一种分类方法，基于算法神经网络的深度，可以分成浅层学习算法和深度学习算法。

浅层学习算法主要是利用结构化数据、半结构化数据对某些场景的预测，深度学习主要
解决复杂的场景，比如图像、文本、语音识别与分析等。

2.4.2　机器学习的应用

在说明机器学习的分类时，简单介绍了不同机器学习方法解决的是什么问题，本节将具
体介绍一些常用的应用场景，主要说明机器学习到底怎么用，不对其中的算法以及原理做深
入的介绍。

1. 分类和聚类

分类和聚类是机器学习最常见的应用场景，它们都是对数据的分组，刚接触的时候，很
容易混淆这两个应用的概念，觉得分类就是聚类，其实它们有很多的不同。

1）**分类**是事先知道有哪些组，然后对数据进行判断，判断这些数据到底是哪个组。举
个很简单的例子，军训排队时要求男生一组，女生一组，这就是一种分类，也就是说提前
知道要分哪些组，然后通过一种算法对输入的数据判定，来分类到已知的类别下，这就是
分类。

从数学函数角度来说，分类任务就是通过学习得到一个目标函数 f，把每个属性集 x 映
射到一个预先定义的类标号 y 中，即根据已知的一些样本（包括属性与类标号）来得到分类

模型（即得到样本属性与类标号之间的函数），然后通过此目标函数判别只包含属性的样本数据进行分类。

所以分类属于监督学习方法，比如图像识别，从一些图像中识别是猫还是狗的照片，它解决的是"是或否"的问题，就是将需要被分析的数据跟已知的类别结果做判断，看这些数据到底是哪个类别数据。

在分类中，对于目标数据中存在哪些类是知道的，要做的就是将每一条记录分别属于哪一类标记出来。但是聚类解决的就是在不知道类的情况下，如何把数据参数做一个划分。

2）**聚类**是事先不知道这批数据有哪些类别或标签，然后通过算法的选择，分析数据参数的特征值，然后进行机器的数据划分，把相似的数据聚到一起，所以它是无监督学习。

比如 RFM 模型中，通过客户销售数据，用聚类的方法，将相似度高的数据聚类到一起，再通过分析出来的数据对数据特性来定义标签，以完成通过数据的特征对客户进行自然的分群，它解决的是相似度的问题，将相似度高的聚集到一起。

举个例子来总结一下分类和聚类都是什么用途：比如我们有 1000 张照片，假设事先已经定义好猫、狗的照片，做了训练，如果从这 1000 张照片中区分出来猫、狗的照片，那么这就是分类；假设我们没定义过猫、狗的照片，只是对 1000 张照片的数据做一个归类，看看那些照片相似度高，分类完成后，再通过相似度比较高的几类，再定义这些类别的是猫、狗或是其他图片，那么这就是聚类。

2. 回归

在统计学角度，回归指的是确定两种或两种以上变量间相互依赖的定量关系的一种统计分析方法。回归分析按照涉及的变量的多少，分为一元回归和多元回归分析；按照因变量的多少，可分为简单回归分析和多重回归分析；按照自变量和因变量之间的关系类型，可分为线性回归分析和非线性回归分析。

在大数据分析中，回归分析是一种预测性的建模技术，它研究的是因变量（目标）和自变量（因子）之间的关系。这种技术通常用于预测分析、建立时间序列模型以及发现变量之间的因果关系。

从数学角度来看，回归是一种方程式，是一种解题方法，一种通过一些函数因素的关系的一种学习方法。比如简单的一个函数：$y=ax+b$，y 就是目标预测值，x 就是影响目标值的因子。

从算法角度来说，回归是对有监督的连续数据结果的预测，比如通过一个人过去工资收入相关的影响参数，建立回归模型，然后通过相关的参数的变更来预测他未来的工资收入。

当然，通过建立回归模型，再结合数学上对方程式的解析，也可以倒推出来为了得到一个预定的结果需要对哪些参数值做优化。回归最终要的是得到相关的参数和参数的特征值，因此在做回归分析时，通常会做目标参数相关性分析。

只要有足够的数据，都可以做一些回归分析帮助我们做预测与决策。比如某个应用程序上线了一些功能，可以通过点击率、打开率、分享情况等因子跟产生的业务结果做回归分析，如果建立了函数关系，就可以预测一些结果；再比如通过历史上年龄、体重、血压、血脂、是否抽烟、是否喝酒等指标跟某种疾病做回归分析，可以预测某一名人员是否有此疾病的风险等。

所以回归的主要目的在于利用连续数据产生的某些规律，实现对新数据可能产生某种结果的预测。

3. 降维

降维就是去除冗余的特征，降低特征参数的维度，用更少的维度来表示特征。比如图像识别中将一幅图像转换成了高维度的数据集合，而高维度数据处理复杂度很高，就需要进行降维处理，减少冗余数据造成的识别误差，提高识别精度。

最后，我们从统计学角度再理解一下机器学习的这三大应用。假设我们有一批样本，希望能够预测目标属性或是目标值，如果样本值是离散的，我们就可以使用分类的方法；如果是连续的，我们就可以使用回归的方法；如果我们这批样本没有对应的目标属性或是目标值，而是想挖掘其中的相关性，那么就用聚类的方法；如果涉及的参数很多，维度很多，就可以用降维的方法去寻找更精准的参数。不管是做分类、聚类、回归还是降维，都能获得更精确的判断和预测。除此之外，语音识别、图像识别、文本识别、语义分析等都是对机器学习基本方法的综合利用。

4. 不同应用场景算法举例

不同应用场景的算法选择见表 2-3，感兴趣的读者可自行了解各个算法的原理。

表 2-3　不同场景的算法选择

应用场景	算法举例
分类	K 近邻、决策树、随机森林、朴素贝叶斯、GBDT、支持向量机等
聚类	K 均值聚类算法、基于密度聚类（DBSCAN）等
回归	逻辑回归、线性回归
降维	主成分分析算法（PCA）、LDA、局部线性嵌入（LLE）等

2.4.3　机器学习相关业务的构建流程

在将机器学习的技术应用在产品上时的时候，很多企业的思路是把很大的精力放在选择算法、优化算法上面，其实算法的选择只是其中一个步骤，但是机器学习其他的步骤也是很关键的，尤其是作为产品经理，了解机器学习流程也是至关重要的。

机器学习的流程本质上就是数据准备、数据分析、数据处理、结果反馈的过程，按照这个思路，可以把机器学习分为如下步骤：业务场景分析、数据处理、特征工程、模型训练与应用服务。

1. 业务场景分析

业务场景分析就是将业务需求、使用场景转换成机器学习的需求语言，然后分析数据，选择算法的过程。这是机器学习的准备阶段，主要包括：业务抽象、数据准备和算法选择。

（1）业务抽象

业务抽象，就是将业务需求抽象成机器学习的应用场景的问题，我们上一小节讲了机器学习分类、聚类、回归、降维的应用场景，业务抽象就是把我们遇到的业务需求抽象成上述应用场景。

比如做产品推荐的需求，要把指定的产品推荐给相应的用户，做到精准营销，抽象成机器学习的语言就是一个产品 A 是否要推荐给用户 a，这就是一个是或者否的问题，也就是一个分类应用场景。这就是业务抽象。

（2）数据准备

机器学习的基础是数据，没有数据就无法训练模型，意味着机器无法学习，所以数据准备就是识别、收集、加工数据的阶段。

通过知识图谱我们了解到，数据有结构化数据、半结构化数据、非结构化数据，机器学习面对的也是这些数据，这些数据类型在知识图谱部分已有讲解，不再赘述，这里主要讲一下作为产品经理进行数据准备时需要考虑的因素。

1）数据字段的考虑。关于数据字段考虑就是在准备数据时，无论是结构化数据、非结构化数据、半结构化数据，都要抽象成一个二维表，二维表表头就是这些数据的表示或是数据的名称，这个就是数据字段。

对于数据字段涉及两方面：一方面是数据字段范围，也就是在做业务需求的时候需要哪些字段作为机器学习参数，这跟做后台产品经理类似。做后台涉及进行数据项字段的设计，这些字段有业务字段、逻辑字段、系统字段等，对于机器学习的字段考虑要比后台设计的字段考虑更深一些，因为机器学习不仅仅是后台产生的数据，还包括一些过程数据、结果数据、埋点数据、转换数据（定性转定量）等，具体可以参考一些统计学的方法，去收集、制定机器学习的字段。另一方面就是字段类型的判定，比如到底是字符串型的还是数值型的。拿回归分析来说，它需要的必须是数值型的，因为回归是连续变量的分析，假如要分析"性别"这个字段，那么必须把它的字段值定义成数值型的，例如 0 和 1，这样才算是连续变量，才能做回归分析，假如要做分类，就可以把性别的字段设定成字符串，例如"男"和"女"。

2）数据的考虑。关于数据的考虑，就是能获取的数据案例，就是二维表中除了表头数据字段名称外，剩下的真实数据了。对于数据考虑，作为产品经理，我们要考虑两点：一个是数据量，在机器学习中，数据需要一定的量，希望可以尽可能地大；一个是数据的缺失，这个是数据质量问题，要求尽可能完善地收集数据，数据缺失比较多或者数据乱码比较多的字段，可以不参与模型测算，否则会影响结果。

（3）算法选择

算法选择是在确定了机器学习的需求和数据项之后，选择何种算法模型的问题，此阶段由算法工程师主导，机器学习有很多的算法，所以算法选择具有多样性，同样一个问题可以有多种算法解决，随着计算机科学的发展，未来也会有更多的算法支持，同时，同一种算法也可以通过调整参数进行优化。

2. 数据处理

数据处理就是数据的选择和清洗的过程，数据准备好后，确定了算法和需求，就需要对数据进行处理，数据处理的目的就是尽可能降低对算法的干扰。在数据处理中经常用到"去噪"和"归一化"的处理方法。

1）去噪就是去除干扰数据，也就是说，当数据案例中存在特别情况的，或者是不正常的数据时，一方面要求产品经理拿到的数据是反映真实世界的数据；一方面通过算法可以识别干扰数据，比如有正态分布效果的数据，可以通过"3σ 探测方法"，利用标准差去噪，去噪的目的就是去除掉数据中异常的数据。

2）归一化就是将数据进行简化，一般将数据简化在 [0，1]，数据归一化主要是帮助算法更好地寻找最优解。一某个数据字段有时会有多重标示方式，比如一群羊有 30 只羊，获取到的数据源有以群为单位的，有以只为单位的，那么着数据必然有误差；再比如形容一个小时，可以以小时单位，也可以以分钟为单位，也可以以秒单位，因为数据分析是不分析单位的，就需要归一化处理，这也就是归一化解决的第一个问题——"去量纲"。

归一化处理的另外一个问题就是解决算法"收敛"的问题，这个需要算法去实现，比如要分析 X 和 Y，X 的数据范围是 [0–10]，Y 的数据范围是 [0–100000]，算法在处理时考虑到数据收敛问题，会对数据标准化处理。

当然，在数据处理中有很多手段，并且有很多算法协助去处理，数据处理就是按照业务场景，将数据优化成对算法模型干扰最小的阶段。

3. 特征工程

在机器学习中有这样一种说法："数据和特征决定了机器学习的上限，模型和算法只是逼近这个上限"。数据和特征是算法模型的基础，所谓特征工程就是对处理完成后的数据进行特征提取，转换成算法模型可以使用的数据。

特征工程的目的有以下几个方面：从数据抽取出对预测结果有用的数据；从数据中构建衍生出对结果有用的信息；寻找更好的特征以提高算法效率；寻找更好的特征以选择更简单的模型获得更好的拟合效果。

一般情况下，在数据处理过程中就可以进行特征工程的工作，比如归一化处理。也有可能在进行特征发现的时候，还需要进一步进行数据处理。

什么是特征？特征就是在原始数据中可测量的属性，可测量可以理解成这个数据指标可以被统计、可以被运算或是计算，比如时间戳数据，通常获取的数据就是"年 - 月 - 日 - 时 - 分 - 秒"的结构，比如 2019-01-09、12:30:45，这样一个数据是无法被机器学习所运算的，所以需要对这个数进行特征转换，转换成一些数值的表达式，以便于算法理解。

特征工程处理过程包括特征的抽象、特征的评估与选择（同一数据可以抽象成多种特征，对多种特征进行评估和选择）、特征的衍生（特征与特征之间进行组合使用）。特征工程是特征业务定义、算法、数据处理综合的应用。

作为产品经理，我们重点说明一下特征的抽象过程。特征的抽象就是对原数据转换成特征数据的过程。比如收集到的数据是字符型的数据，再比如收集到的数据是"是和否"型的数据，这种数据，机器是无法运算的，那么我们可以转换成"0 和 1"这样的数据，进行特征抽象后就可以机器学习了。

特征工程是机器学习很重要的一环，特征的好坏直接影响了机器学习的结果，对于同一组数据，我们可能用了相同的算法，但是因为特征选择的不同，最终得出的结果质量也会有很大的差别。所以对特征工程有兴趣的读者可以参考相关更详细的资料。

4. 模型训练与应用服务

模型训练就是经历了数据准备、数据处理、特征工程之后，根据选择好的算法，进行训练与评估，通过算法训练得到算法模型，通过新数据测试完成模型质量的评估，主要工作由算法工程师处理，产品经理需要知道的一点是：模型在新数据不断注入的情况下是可以反复训练的。

应用服务就是指模型训练好之后如何输出的问题，以及如何快速训练模型、配置模型相关参数的问题，对于模型的应用可以通过 API（Application Programming Interface，应用程序接口）的方式供应用层调用，应用层也可以通过配置页面来配置模型相关参数，比如置信度等。

2.4.4 理解机器学习对产品经理意义

1. 理解机器学习概念对产品经理意义

通过厘清一些机器学习基本概念和简单介绍的应用场景，让我们理解了机器学习的重点在于机器学习本质上是对于数据的一种处理方式和使用方式，通过数据解析其中的规律，来预测未来数据结果。

2. 理解机器学习应用对产品经理的意义

一方面，产品经理需要理解机器学习到底能解决什么问题，面对业务需求，是否可以通过机器学习的方式去满足这个需求，同时理解了 AI 为什么中台作用这么明显，比如面临人群划分或是商品标签划分的问题，可以考虑聚类方法；在面对 APP 功能点击预测、分享预测的问题，可以考虑分类方法；面对商品销量预测的问题，可以考虑回归的方法等。

另一方面，理解机器学习应用，可以看到数据的重要性，要求我们产品经理能更好地利用数据，数据可以通过一些算法来解决预测、判断的问题。

3. 理解机器学习相关业务构建流程对产品经理的意义

机器学习相关业务构建流程，不是一个简单的过程，不是说定好了需求，直接交给算法工程师就可以了，产品经理要把握机器学习业务场景抽象，要对原始数据质量、数量有很好的把控；对特征的抽象需要有深入的了解。

机器学习的基础是数据以及数据特征的转换，需要对处理过程有更深层次的了解与掌握，需要多学一些数据、统计学、计量学相关知识。

机器学习的需求也不仅仅是通过原型、文档就能解决的，需要产品经理与工程师深度合作，参与到机器学习的过程中。

总之，AI 通过机器学习的方法，让机器产生对事物的"理解"，让机器学会如何认知事物的方法，通过学习、提取特征、识别、分类等过程，模仿人识别未知事物的过程，让机器像人一样思考，理解事务、发现规则，然后去判断、去推论、去预测。

2.5 如何"听"——语音识别

2.5.1 什么是语音识别

语音是人类最朴素的交互方式。不止是人与人之间，动物之间也大都是通过"语音"交流，可以说语音交流是文字交流的前奏，文字是对语音的记录。现在的人机交互方式还是通过鼠标键盘，用机器语言来交流，不论是 C 还是 C++，还是 Java、php，或者是现在机器学习里用的最广的 Python 语言，都是人机交互的介质。

语音识别（Automatic Speech Recognition，ASR）技术就是让机器能够"听懂"人类的语言，理解语言中的内在含义，并能做出正确的回答的技术。语音识别就好比机器的听觉系统，该技术让机器通过识别和理解，把语音信号转变为相应的文本或命令。

2.5.2 语音识别原理及流程

语音识别，就是将一段语音信号转换成对应的文本信息，处理过程基本上分为三步：第一步对声波信号进行预处理，得到语音特征；第二步是通过语音特征识别出音节；第三步根据音节查询字典合成完整的语句。搭建一套语音识别系统主要包含预处理、特征提取、声学模型、语言模型以及字典与解码五大部分。对所采集到的声音信号进行滤波、分帧等音频数据预处理工作，将需要分析的音频信号从原始信号中合适地提取出来；特征提取将声音信号从时域转换到频域，为声学模型提供合适的特征向量；声学模型根据声学特性计算每一个特征向量在声学特征上的得分；语言模型则根据语言学相关的理论，计算该声音信号对应可能词组序列的概率；最后根据已有的字典，对词组序列进行解码，得到最后可能的文本表示。图 2-12 所示为语音识别流程图。

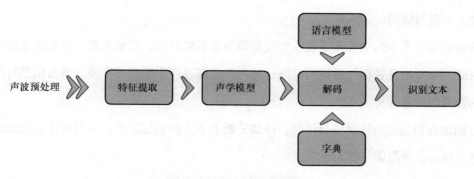

图 2-12 语音识别流程图

（1）预处理

作为语音识别的前提与基础，语音信号的预处理过程至关重要。在最终进行模板匹配的时候，是将输入语音信号的特征参数同模板库中的特征参数进行对比，因此，只有在预处理阶段得到能够表征语音信号本质特征的参数，才能够将这些特征参数进行匹配进行识别率高的语音识别。

（2）特征提取

完成信号的预处理之后，随后进行的就是整个过程中极为关键的特征提取的操作。将原始波形进行识别并不能取得很好的识别效果，频域变换后提取的特征参数用于识别。

（3）声学模型

声学模型是语音识别系统中非常重要的一个组件，对不同基本单元的区分能力直接关系到识别结果的好坏。语音识别本质上一个模式识别的过程，而模式识别的核心是分类器和分类决策的问题。

（4）语言模型

语言模型主要是刻画人类语言表达的方式习惯，着重描述了词与词在排列结构上的内在联系。在语音识别解码的过程中，在词内转移参考发声词典、词间转移参考语言模型，好的语言模型不仅能够提高解码效率，还能在一定程度上提高识别率。语言模型分为规则模型和统计模型两类，统计语言模型用概率统计的方法来刻画语言单位内在的统计规律，其设计简单实用而且取得了很好的效果，已经被广泛用于语音识别、机器翻译、情感识别等领域。

（5）字典与解码

语音识别技术中的字典用来表示字或者词与音素的对应，简单来说，中文就是拼音和汉字的对应，英文就是音标与单词的对应；解码就是通过声学模型、字典、语言模型对提取特征后的音频数据进行文字输出。

好的语音识别系统还会结合语义，仔细分析上下文的相互联系，对当前正在处理的语句进行适当修正，使得语句更为通顺。

2.5.3　熟悉语音识别需要哪些知识储备

1. 语音识别的发展史

20 世纪 60 年代，语音识别领域引入了人工神经网络。苏联的研究者温楚克（T.K.Vintsyuk）提出了用动态规划（Dynamic Programming）算法实现动态时间规整（Dynamic Time Warp），该技术在小规模词语环境下取得了很大的成功，一度成为自动语音识别技术中的主流。20 世纪 80 年代，李开复将隐马尔可夫模型（Hidden Markov Model，HMM）在语音识别中进行了应用，实现了第一个基于 HMM 的大词汇量的语音识别系统 Sphinx，对此后的语音识别技术产生了持续的影响。此后，语音识别的研究重心从孤立词的识别转向连续词汇，主要是在孤立词的基础上，通过单个词进行模式匹配实现。并且，语音识别技术的重心从模式匹配的方案逐渐转移到了统计模型的方法上来，尤其是基于 HMM 的方案得到了长足的发展。在 2010 年之前，基于 HMM 的高斯混合模型（GMM-HMM 模型）通常代表着最先进的语音识别技术，这类的模型通常采用的特征提取算法是梅尔频率倒谱系数（Mel-Frequency Cepstral Cofficient，MFCC）算法，常用的还有 fBank 等特征提取算法。而人们也开展了很多研究工作来模仿人类听觉过程，后来通过引入深度神经网络（Deep Neural Network，DNN）自动学习特征表示，取代了 GMM。深度学习还可以应用于给传统的 HMM 模型提供强大的具有判别性的特征。DNN 和 HMM 结合的语音识别系统，大大降低了识别错误率。2010 年以来，随着大数据和深度学习的发展，卷积神经网络（Convolutional Neural Network，CNN）、循环神经网络（Recurrent

Neural Network，RNN）、长短记忆（Long Short-Term Memory，LSTM）人工神经网络和门控循环单元（Gated Recurrent Unit，GRU）神经网络等网络结构也应用到语音识别中，使得语音识别技术取得了又一次巨大的突破。连接时序分类（Connectionist Temporal Classification，CTC）方法，端到端（End-to-End）结构模型，和 DFCNN、Deep Speech、WaveNet、DFSMN 等模型的出现，将语音识别的准确率一次又一次地推向巅峰。大多数的语音识别系统，目前仍然使用基于概率统计的 N 元语言模型和相关变体模型。近几年来，残差网络（ResNet）、注意力机制（Attention mechanism）和 RNN Transducer 的出现，又将语音识别技术带领到发展的新阶段。当前，国内外几种主流的语音识别系统的准确率均超过了 90%，有的甚至超过了 95%。其中，85% 准确率是评价一个语音识别系统是否可实际使用的分水岭。

2. 隐马尔可夫模型（HMM）

HMM 是一种结构最简单的动态贝叶斯网络的生成模型，它也是一种著名的有向图模型，是典型的自然语言中处理标注问题的统计机器学模型，在语音识别、自然语言处理以及生物信息等领域体现了很大的价值。尤其是在语音识别中的成功应用，使它成为一种通用的统计工具。HMM 模型是关于时序的概率模型，描述由一个隐藏的马尔可夫链随机生成不可观测的状态随机序列，再由各个状态生成一个观测而产生观测随机序列的过程。

举个例子，随机丢骰子，每个点的概率应该是一样的，但是如果通过某种手段作弊，就会出现非正常概率的点数。隐马尔科夫模型就是用来观察这个状态并统计找出哪几个骰子是作弊投出来的。系统的隐性状态指的就是一些外界不便观察（或观察不到）的状态，比如在当前的例子里面，系统的状态指的是投骰子的状态，即

{正常骰子，作弊骰子 1，作弊骰子 2，…}

隐性状态的表现是可以观察到的，这里就是骰子掷出的点数：

{1，2，3，4，5，6}

HMM 模型将会描述系统隐性状态的转移概率。也就是作弊切换骰子的概率。

这个模型描述了隐性状态的转换的概率，同时也描述了每个状态外在表现的概率的分

布。总之，HMM 模型就能够描述丢骰子作弊的概率（骰子更换的概率）和丢用的骰子的概率分布。

语音识别问题就是将一段语音信号转换为文字序列的过程，在个问题里面隐性状态就是语音信号对应的文字序列，而显性的状态就是语音信号。语音识别的 HMM 模型学习和上文中通过观察骰子序列建立起一个最有可能的模型不同，语音识别的 HMM 模型学习有两个步骤：

1）统计文字的发音概率可以建立隐性表现概率矩阵 B；

2）统计字词之间的转换概率，比较得出最有可能出现的文字序列。

3. 卷积神经网络（CNN）

通常情况下，语音识别都是基于时频分析后的语音时频谱完成的，语音时频谱是具有结构特点的，要想提高语音识别率，就需要克服语音信号所面临的多样性，包括说话人的多样性（说话人自身、以及说话人间）和环境的多样性等。一个 CNN 提供在时间和空间上的平移不变性卷积，将 CNN 的思想应用到语音识别的声学建模中，则可以利用卷积的不变性来克服语音信号本身的多样性。从这个角度来看，则可以认为是将整个语音信号分析得到的时频谱当作图像一样来处理，采用图像中广泛应用的深层卷积网络对其进行识别。

从实用性上考虑，CNN 也比较容易实现大规模并行化运算。虽然在卷积运算中涉及很多小矩阵操作，运算很慢。不过对 CNN 的加速运算相对比较成熟，如 Chellapilla 等人提出一种技术可以把所有这些小矩阵转换成一个大矩阵的乘积。一些通用框架如 Tensorflow、caffe 等也提供 CNN 的并行化加速，为 CNN 在语音识别中的尝试提供了可能。

据百度公开资料显示，Deep CNN 技术已经应用于语音识别研究，使用了 VGGNet，以及包含 Residual 连接的 Deep CNN 等结构，并将 LSTM 和 CTC 的端对端语音识别技术相结合，降低了识别错误率。

2.5.4　语音识别能做什么

1. 语音唤醒、识别、输入和交互

代表产品：智能音箱，语音导航。例如最早的电视是用数字及上下左右按键控制仅有的

十几个台，而现在的智能电视后台对接海量资源，通过智能电视助手可以进行方便的语音交互，节省时间。

2. 沟通交流

代表产品：微信语音输入等社交产品

3. 翻译

代表产品：在线翻译，实时翻译，科大讯飞翻译机。一般来说，会议场景的同传准确率为 80% 左右，而智能会议转写准确率则能达到 90% 以上，之后，其在医疗和司法系统进行了应用。另外，科大讯飞还推出了便携翻译机，易于随身携带，方便远程实时交流。

4. 智能家居

代表产品：智能电视、语音遥控器、语音灯等。

5. 总结

在《下一代交互革命是语音：Voice In Voice Out》（作者：子不语）一文中，描述了这样的场景："你可以和她交谈，她可以帮你控制关于房子的一切，灯光、温度、微波炉、冰箱……Echo 已经能做到什么了呢？播放音乐、创建提醒、播报新闻自然不在话下，Echo 还能根据你在亚马逊上的购物记录，智能地帮你下单。甚至，借助于前面提到的 Skills，已经有人用 Echo 控制了家中的几乎所有电器：灯光、温控、电视机、Apple TV、安保监控、热水壶、车库……"当然，这里就涉及智能家居组网、车联网等。或许彻底实现声控交互的时代已经离我们不远了。

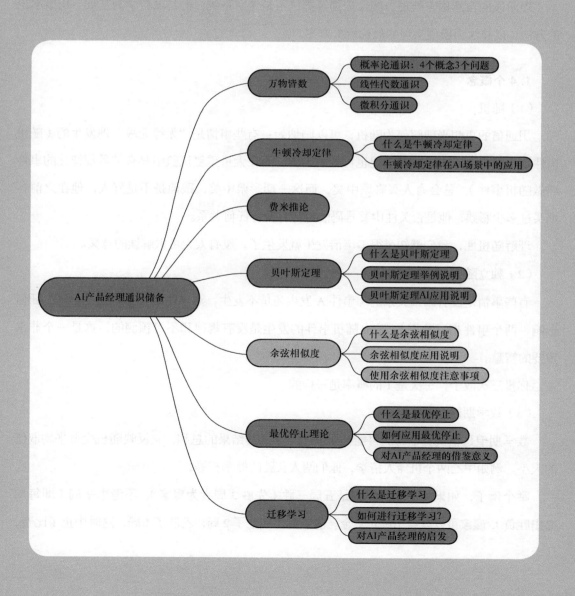

第 3 章

一键打包——AI 产品经理通识储备

AI产品经理通识储备

- 万物皆数
  - 概率论通识：4个概念3个问题
  - 线性代数通识
  - 微积分通识
- 牛顿冷却定律
  - 什么是牛顿冷却定律
  - 牛顿冷却定律在AI场景中的应用
- 费米推论
- 贝叶斯定理
  - 什么是贝叶斯定理
  - 贝叶斯定理举例说明
  - 贝叶斯定理AI应用说明
- 余弦相似度
  - 什么是余弦相似度
  - 余弦相似度应用说明
  - 使用余弦相似度注意事项
- 最优停止理论
  - 什么是最优停止
  - 如何应用最优停止
  - 对AI产品经理的借鉴意义
- 迁移学习
  - 什么是迁移学习
  - 如何进行迁移学习？
  - 对AI产品经理的启发

3.1 万物皆数

3.1.1 概率论通识：4 个概念 3 个问题

笔者认为，AI 产品经理应该学一些概率知识，是否理解概率，直接决定一个人对 AI 智能的了解程度。

现阶段的自然语言处理、图像识别等都已不是专家系统，而是以数学为基础，用概率论的方法，以算法为模型实现的最优解决方案。

1. 4 个概念

（1）随机

用通信的思想来理解何为随机，可以归纳为：有些事情是"无缘无故"地发生的（随机事件是在随机试验中，可能出现也可能不出现，而在大量重复试验中具有某种规律性的事件叫做随机事件）。总会有人买彩票中奖，而这一期彩票中奖，跟他是不是好人，他在之前各期买过多少彩票，他是否关注中奖号码的走势，没有任何关系。

理解随机性，我们就知道很多事情发生就发生了，没有太大可供解读的意义。

（2）独立随机事件

有些事情是没有因果关系的（事件 A 发生还是不发生，对事件 B 发生不发生不产生任何影响，两个事件相互独立），独立随机事件的发生是没有规律和不可预测的，这是一个非常重要的智慧。

你投三次骰子，每次是 1 的概率是一样的。

（3）数学期望

数学期望是指试验中每次可能结果的概率乘以其结果的总和，它反映随机变量平均取值的大小。例如甲乙两个机器人猜拳，他们两人获胜的概率相等；

举个例子，如果一场比赛规则是五局三胜（先胜 3 局者为赢家），不考虑平局（即每局必出胜负），赢家可以获得 100 元奖金。前三局，甲胜了 2 局，乙胜了 1 局，这时中止了比赛，那么如何分配奖金比较公平?

利用计算机的随机种子模拟 500 次接下来 2 局的情况,统计 2 人胜利的次数之比,按照这个比率来分配 100 元。甲输掉后两局的可能性只有(1/2)×(1/2)=1/4,也就是说甲赢得最终胜利的概率为 3/4,甲有 75% 的期望获得 100 元;则乙只有 25% 的期望获得 100 元。甲乙双方最终胜利的客观期望分别为 75% 和 25%,因此甲应分得奖金的 100×75%=75 元,数学期望由此而来。

(4)大数法则

当我们大量重复某一相同的实验的时候,其最后的实验结果可能会稳定在某一数值附近。就像抛硬币一样,当我们不断地抛,抛个上千次,甚至上万次,我们会发现,正面或者反面向上的次数都会接近一半。

在一个包含众多个体的大群体中,由于偶然性而产生的个体差异,着眼在一个个的个体上看,是杂乱无章、毫无规律、难于预测的;但由于大数法则的作用,整个群体却能呈现某种稳定的形态。

但是如果统计数据很少,就很容易出现特别不均匀的情况。这个现象被诺贝尔经济学奖得主丹尼尔·卡内曼(Daniel Kahneman)戏称为"小数定律"。卡尼曼说,如果我们不理解小数定律,就不能真正理解大数法则。

例如苹果公司在 iPod 播放器最早推出"随机播放"功能的时候,用户发现有些歌曲会被重复播放,他们据此认为播放根本不随机。苹果公司只好放弃真正的随机算法,用乔布斯本人的话说,就是改进以后的算法使播放"更不随机以至于让人感觉更随机"。

2.3 个经典概率论问题

(1)三门问题

"假设你正在参加一个游戏节目,你被要求在三扇门中选择一扇:其中一扇后面有一辆车;其余两扇后面则是山羊。假设你选择了一号门,然后知道后面是什么的主持人,开启了另一个有山羊的三号门。然后他问你:'你想选择二号门吗?'此时你换门还是不换门?"

如果不换门,保持原状的话,得汽车的概率是 1/3。如果交换的话,是否能增加赢得汽车的概率呢?

答案是会。转换选择(换门)可以增加参赛者的机会,如果参赛者同意"换门",他赢得汽车的概率会从 1/3 增加到 2/3。

错误的思维方式:当主持人打开一扇后面有羊的门之后,问题就变成了有两扇门,一扇门里有汽车,一扇门里有羊,选择任何一个门获的汽车的概率必然是相同的,也就是 1/2。

上面这种方式的问题就是,打开一扇门后,并不等价于在两扇门里做选择,而是你是否需要转换。

人的直觉往往是不可信的,关于"换门"的获奖率不是一个独立事件,必须以第一次的选择作为基础。在概率学当中,这种情况叫做条件概率。

我们可以通过公式计算:

$$不换门的获奖率 = \left(\frac{1}{3} \times 100\%\right) + \left(\frac{1}{3} \times 0\%\right) + \left(\frac{1}{3} \times 0\%\right) = \frac{1}{3}$$

$$换门的获奖率 = \left(\frac{1}{3} \times 0\%\right) + \left(\frac{1}{3} \times 100\%\right) + \left(\frac{1}{3} \times 100\%\right) = \frac{2}{3}$$

如果我们在生活中遇到了类似的问题,例如开发新产品有 3 种选择,我们确信有且只有一种选择可以获得成功。但是,我们完全无法判断哪种更好,于是随机选择了一种。还没等开发,另外一家公司刚好开发了第二种产品,而且恶评如潮。此时我们果断更换到第三种模式,理论上会大大提高我们的成功率。

(2)生日悖论

假设你工作在一个 23 人的办公室。那么,你办公室中两个人生日相同的概率是多少呢?我们也许是这样思考的:365 天,遇到同一天生日的概率为 1/365,或 0.0027%。那么,考虑一下这样的问题,在一个房间里,至少有多少人,才能使其中两个人的生日是同一天的可能性超过 50%?有人可能认为房间人数起码得达到 183,因为 183 是 366 的一半。但是,两个人的生日是同一天的可能性超过 50%,只需要 23 个人。

把所有 23 个独立概率相乘,即可得到所有人生日都不相同的概率为:(365/365)×(364/365)×…×(343/365),得出结果为 0.491。

那么，再用 1 减去 0.497，就可以得到 23 个人中有至少两个人生日相同的概率为 0.509，即 50.9%，超过一半的可能性。

如果按照这个算法，当人数达到 70 时，存在两个人生日相同的概率就上升到了 99.9%。可是直觉告诉我们不应该啊，既然这么大的概率，我怎么就没遇到与我生日相同的那个有缘人呢？这便是著名的"生日悖论"。

问题就在这里，我们问的是至少有两个人生日相同，而不是与你生日相同！你这种想法是以自我为中心，而题目的概率是在描述整体。也就是说「存在」的含义是指 23 人中的任意两个人，涉及排列组合，大概率和你这个个体没啥关系。如果你非要计算存在和自己生日相同的人的概率是多少，可以这样计算：

$$1 - P（22 个人都和我的生日不同）= 1 -（364/365）^{22} = 0.06$$

生日悖论告诉我们，人类的本质是以自我为中心的，我们非常倾向于从自己的角度去看待和思考问题，太过自我就会扭曲事实。有研究表明，小孩在一岁之前没有形成自我意识，当你拿一把扇子给他看，一面画着猫，一面画着狗，你先给他看猫，再给他看狗，他会认为你看到的和他一样，他看到的是什么，你就看到的是什么。有一句话说得很好：你可以自由地表达观点，但不要轻易选定立场。

（3）首位数字定律

统计一下世界上 237 个国家的人口数，你觉得其中以 1 开头的数会占多大比例，而以 9 开头的数又占多大比例呢？也许你的回答是都为 1/9，但是事实却不是如此：以 1 开头的数惊人地占到了 27%，而以 9 开头的数却只占 5%。为什么会相差这么大呢？这就是本福特定律在起作用。

本福特定律：以 1 为首位数字的数的出现概率约为总数的三成，接近期望值 1/9 的 3 倍，推广来说，越大的数字，以它为首几位的数出现的概率就越低；

本福德和纽康都从数据中总结出首位数字为 n 的概率公式是

$$P（n）= \log_d（1 + 1/n）$$

式中，d 取决于数据使用的进位制，对十进制数据而言，$d = 10$。

在十进制中，首位数字出现的概率为图 3-1 所示。

d	1	2	3	4	5	6	7	8	9
P	30.10%	17.60%	12.50%	9.70%	7.90%	6.70%	5.80%	5.10%	4.60%

图 3-1 首位数字出现的概率

这个定律是一个非常神奇的定律，它的适用范围异常广泛，几乎所有日常生活中没有人为规则的统计数据都满足这个定律。比如世界各国人口数、各国国土面积、账本、物理化学常数、放射性半衰期等等数据居然都符合本福特定律。

在假账中，数字 5 和 6 是最常见的开头数字，而不是符合定律的数字 1，这就表明伪造者试图在账目中间"隐藏"数据。曾是美国最大的能源交易商、年营业收入达近千亿美元、股票市值最高可达 700 多亿美元、全球 500 强中排名第七的安然（Enron）公司，2001 年在事先没有任何征兆的情况下突然宣布破产，事后人们发现安然公司在 2001 年度到 2002 年度所公布的每股盈利数字不符合"本福特定律"，这些数字的使用频率与这一定律有较大的偏差，这证明了安然公司确实改动过数据。

作为产品经理，对数据的敏感性及基础的判断，可以帮助我们在工作中更快地完成任务。

3. 总结

AI 产品经理要更理性，数学是锻炼理性思维的最好的工具，了解并掌握基础的概率论通识，能帮产品经理更好地理解算法模型和处理日常的数据处理工作。

最后留给你一个思考题，如果战斗中炸弹在你身边爆炸，你应该迅速跳进那个弹坑，因为两颗炸弹不大可能打到同一个地方。这个对吗？

3.1.2 线性代数通识

英国哲学家罗素在自传中这样写道："在 11 岁时，我开始学习欧几里得几何学，哥哥做我的老师，这是我生活中的一件大事，就像初恋一样令人陶醉。我从来没有想象到世界上还有如此美妙的东西。"

德国数学家高斯把数学置于科学之巅，希尔伯特则把数学看作"一幢出奇的美丽又和谐的大厦"。

随着人类社会的发展，科学技术的进步，在 AI 时代，数学会成为所有算法模型的基础，而线性代数则是描述抽象状态和变化规则的重要工具。

1. 什么是线性代数

瑞典数学家戈丁（Lars Garding）在其名著 *Encounter with Mathematics* 中说："如果不熟悉线性代数的概念，要去学习自然科学，现在看来就和文盲差不多。"可见线性代数的重要性。

线性代数是代数学的一个分支，主要处理线性关系问题。线性关系意即数学对象之间的关系是以一次形式来表达的。例如，在解析几何里，平面上直线的方程是二元一次方程；空间平面的方程是三元一次方程，而空间直线视为两个平面相交，由两个三元一次方程所组成的方程组来表示。含有 n 个未知量的一次方程称为线性方程，变量是一次的函数称为线性函数。线性关系问题简称线性问题，解线性方程组的问题是最简单的线性问题。线性代数可以将各种复杂问题转化为简单、直观、高效的计算问题。

神经网络（Neural Networks，NN）将权值（weights）存放于矩阵（matrices）中，线性代数使得矩阵操作快速而简单，特别是通过图形处理器（Graphics Processing Unit，GPU）进行运算。

- 线性（linear）指量与量之间按比例、成直线的关系，在数学上可以理解为一阶导数为常数的函数；

- 非线性（non-linear）则指不按比例、不成直线的关系，一阶导数不为常数。

2. 线性代数里的基本概念

- 行列式：行列式这个"怪物"定义初看很奇怪，但其实它是有实际得不能更实际的物理意义的。其实行列式的本质就是一句话：行列式就是线性变换的放大率！

- 矩阵：用中括号把一堆数括起来，这个东西叫做矩阵——这可能是我们大学期间的理解。其实理解矩阵就要先了解向量，向量是关于数字或数据项的一维数组的表示。从几何学上看，向量将潜在变化的大小和方向存储到一个点，比如向量 [3, −2] 表示的是左移 3 个单位下移 2 个单位。我们将具有多个维度的向量称为矩阵。

3. 线性代数的应用

（1）在搜索引擎中的应用

当人们在使用搜索引擎时，总会对搜索结果排名靠前的网页更信任。可是，怎样判断一个网页的重要性？

一个网页获得链接越多，可信度就越高，那么它的排名就越高。这就是谷歌 PageRank 网页排名算法的核心思想。但是所有的网页都是连在一起的，互相连接。而评估必须要有一个起点，但是，用任何网页作为起点都不公平，怎么办？谷歌的解决办法是：先同时把所有网站作为起点，也就是先假定所有的网页一样重要、排名相同。然后，进行迭代。整个互联网就像一张大的网，每个网站就是一个节点，而每个网页的链接就是一条链接线。于是这个问题变成了一个二维矩阵相乘的问题，首先计算第一次迭代排名，然后再算出第二次迭代排名……最终，排名会收敛，不再变化，算出了网页最终排名。简而言之，网页排名的计算主要是矩阵相乘。

（2）在机器学习中的应用

在计算机视觉应用中处理图像或照片，使用的每个图像本身都是一个固定宽度和高度的表格结构，每个单元格有用于表示黑白图像的 1 个像素值或表示彩色图像的 3 个像素值。可见，图像或照片也是线性代数矩阵的一种，与图像相关的操作，如裁剪、缩放、剪切等，都是使用线性代数的符号和运算来描述的。

推荐系统也有线性代数的应用，例如基于你在购物网站上的购买记录和与你类似的客户的购买记录向你推荐商品，或根据你或与你相似的用户在视频网站上的观看历史向你推荐电影或电视节目。推荐系统的开发主要涉及线性代数方法。一个简单的例子就是使用欧式距离或点积之类的距离度量来计算稀疏顾客行为向量之间的相似度。像奇异值分解这样的矩阵分解方法在推荐系统中被广泛使用，以提取项目和用户数据的有用部分，以备查询、检索及比较。

（3）在量化投资中的应用

量化投资是一个交叉复合学科，要求掌握数学、计算机编程、金融等方面的知识。而在量化投资中广泛应用的隐马尔可夫模型（HMM）就可以很好地解决资本市场独立数据及独立数据的自变量与因变量之间的关系，从而给出决策判断。

4. 总结

线性代数是众多的数学学科中较为抽象的一门，很多人学过以后一直停留在知其然不知其所以然的阶段，随着机器学习等领域的兴起，才发现线性代数的应用无处不在。其实各个学科直接都是相通的，抽象的思维锻炼也许是人工智能产品开发中必备思维。

3.1.3 微积分通识

1665 年，牛顿第一次提出"流数术"，就是我们所说的微积分。但是牛顿当时并没有把它看得太重，只是把它作为数学工具，是自己研究物理问题时的副产品，也没有把这种方法公之于众。

十年之后，莱布尼茨在 1684 年和 1686 年分别发表了论文，正式提出了微积分的思想。后来人们公认牛顿和莱布尼茨是各自独立创建微积分的。因此在谈到微积分公式时，我们称之为"牛顿 - 莱布尼茨公式"。

什么是微积分

想必我们都知道圆的面积公式是什么：

$$S = \pi R^2$$

式中，S 是圆的面积；π 是圆周率；R 是圆的半径。这个公式是怎么得到的?

首先，我们画一个圆，这个圆的半径为 R，周长为 C。我们知道，圆的周长与直径的比定义为圆周率，即

$$C = 2\pi R$$

我们把圆分割成许多个小扇形，然后把这些扇形拼在一起，这样就形成了一个接近于长方形的图形，如图 3-2 所示。

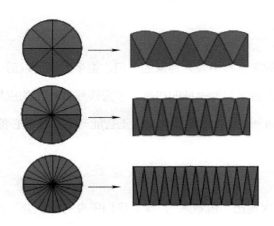

图 3-2 微积分分割示意图

可以想象，如果圆分割得越细，拼好的图形就越接近长方形。如果圆分割成无限多份，那么拼起来就是一个严格的长方形了。而且，这个长方形的面积与圆的面积是相等的，那么，求圆的面积，只需要求出这个长方形的面积就可以了。这个长方形的宽就是圆的半径 R，而长方形的长是圆周长的一半。

根据长方形的面积公式"长方形面积 ＝ 长 × 宽"，即可得到圆的面积公式：

$$S = R \times \pi R = \pi R^2$$

这个推导过程很简单，那就是先无限分割，再把这无限多份求和。分割就是微分，求和就是积分，这就是微积分的基本思想。

微积分的创立直接推动了现代科技的发展，有效地解决了变速运动的瞬时速度，比如行星椭圆轨迹运行时的瞬时速度、曲线上的某个点的切线、望远镜设计时要确定透镜曲面的法线、计算炮弹的最大射程等，成为了研究数、图形、运动以及变化的一把钥匙。

目前的 AI 更多是基于机器学习，其中很多算法都需要微积分这个工具。

3.2　热度排名——牛顿冷却定律

3.2.1　什么是牛顿冷却定律

牛顿冷却定律是牛顿提出的一个经验性的规律。是指当物体表面与周围存在温度差时，单位时间从单位面积散失的热量与温度差成正比，比例系数称为热传递系数，用 k 表示：

$$\frac{\mathrm{d}T(t)}{\mathrm{d}t} = -k\big(T(t) - H\big)$$

式中，T 为物体的温度；t 为时间；H 为周围的温度；k 为比例系数。将公式进一步演化，可得到如下公式：

$$T(t_0) = H + \big(T(t_0) - H\big) \times \mathrm{e}^{-k(t_0 - t)}$$

如果 $H = 0$，则可得：

$$T(t) = T(t_0) \times \mathrm{e}^{-k(t_0 - t)}$$

参见上式，可以看出牛顿冷却公式的衰减过程，k 是我们自己设定的衰减系数，经过 t 时间后，物体当前的温度是由初始温度和衰减速率的乘积，如图 3-3 所示。

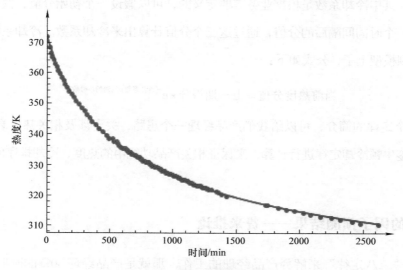

图 3-3　指数式衰减线型图

牛顿冷却定律公式建立"温度"与"时间"之间的函数关系，轻松构建一个"指数式衰减"的过程。

3.2.2　牛顿冷却定律在 AI 场景中的应用

牛顿冷却定律是"温度"与"时间"之间的指数衰减函数，在 AI 算法中，可以根据牛顿冷却定律公式做关于"热度"衰减算法应用，比如"热文"排名的冷却算法。

我们可以把"热文"排名想象成一个"自然冷却"的过程：在某个时间点，我们系统中所有的文章，都有一个当前"温度"（热度），按照"温度"的高低进行文章排名；如果用户在某些文章进行了赞赏、点赞、转发、评论等，这个文章的"温度"就会上升；但是随着时间的推移，我们不可能还让这些历史的文章一直呈现比较高的"温度"，需要将其冷却下来，这样才能让一些新的文章获取更好的排名。

通过赞赏、点赞、转发、评论等方式可以增加文章热度，但是我们需要找到一定的方法去降低热度，但是，一些跟增加热相反的关键值，比如不感兴趣、举报等，虽然能降低热度，但是很难做到根据时间来降低热度，不然排名的时候很难将新文章有个合理的排名。文章热度是时间的衰减函数，这和温度与时间的衰减规律很类似。我们可以定义一个文章有一个热度分值，其中冷却系数是根据业务需要定义的，可以假设一个初始分值，假设一个时间间隔，假设一个时间间隔后的分值，通过这三个分值计算出来冷却系数。冷却系数计算出来就可以使用到模型上了，公式如下：

$$当前热度分值 = 上一期得分 \times e^{-(冷却系数) \times 间隔的小时数}$$

通过这个定律的简介，可以给我们产品经理一个思路，关于涉及相关热度衰减的需求，我们可以借鉴牛顿冷却定律进行计算，来保证相关产品功能中的热度、冷却排序问题。

3.3　有限的因子预测结果——费米推论

如果用"二八定律"来解释产品经理的工作，那就是产品经理 80% 的时间都在思考，

20% 的时间在执行，因此思维的素质一定程度决定了产品经理的高度。

但是 AI 产品经理必须必备一些 AI 的思维方式，必须具备极高的"机器商"，才能做好 AI 产品。那么什么是"机器商"？

- 智商：衡量自我智力和学习能力的标尺；
- 情商：衡量认知自我和他人情绪能力的标尺；
- 机器商：衡量跟机器协同合作的能力的标尺。

机器的本质是代码，代码的核心是算法，机器有机器算法，AI 产品经理也必须有产品经理该有的"算法"。

请思考一个产品圈的经典面试题，北京市有多少加油站？

我们可以这样推算：通过新闻报道可知道北京现在大概有 650 万辆车，假设一辆车平均 10 天加一次油，一辆车加一次油 5min，实际加油时间段是早 7 点到晚 10 点，共计 15h，一般来说，一个加油站有 4 个加油桩，加油桩利用率 50%。那么：

北京城一天加油能力 = 北京城车辆一天加油需求次数。

$$= 一个加油站一天加油的车辆数 \times 加油站个数$$

$$= 15h \times 50\% \div 5（min/ 次）\times 4 个 \times 加油站个数$$

$$= 360 次 \times 加油站个数。$$

北京城车辆一天加油需求次数 = 650 万辆车 ÷ 10 天 = 65 万次 / 天。

可以求得：加油站数 = 65 万次 ÷ 360 次 ≈ 1806。

在网上搜索北京市加油站数量（如图 3-4 所示），结果为 1414 个，加上预估未收录 200 个，1614 个，与我们估算的 1806 只相差 192 个。可见推算的结果是比较接近的。

北京加油站-北京加油站爱车-大众点评网

大众点评网为您找到北京市附近1414家加油站商户信息。点击查看更多关于北京市地区附近加油站商户电话、地址、价格、评价、排行榜等详情。

大众点评网　百度快照

图 3-4　通过大众点评网搜索北京加油站数量（2020 年 10 月 15 日）

这就是费米推论，其命名来自美籍意大利裔物理学家费米（Enrico Fermi）。

1945 年 7 月，世界上第一颗原子弹在美国新墨西哥州沙漠爆炸成功，爆炸引起的滚滚气浪冲进包括费米在内的科学家们进行观测的大本营里，费米从笔记本里扯下一张纸，将其撕成碎片，当他感受到气浪所带来的第一下波动时，马上将碎纸片举过头顶抛撒出去，碎纸片在空中飘动，然后纷纷扬扬地落到地面。费米靠碎纸片飘散的距离，经过初步估算，得出了这颗原子弹的能量为 1 万吨 TNT 当量的结论。后来，相关专家经过分析研究，证实了费米当时现场估算的准确性。

费米解答问题的方式是推理思维，估算只是方法，对问题分解是推理的必然过程。这个思维过程就是——哪些真实存在的因素导致这样的事情发生？

在信息不完整的情况下，凭借对对象事物的深刻理解和洞察，科学地作出一些假设使问题得以简化，复杂的程度得以降低，从而得到符合或接近实际的估计。

费米推论的目的在于向人们表明，我们可以进行科学的假设，得出比较接近的答案。费米推论的核心思想是将复杂、困难的问题分解成小的、可以解决的部分，从而以最直接的方法迅速解决问题。

在实际工作中，我们可以将问题分解为可知和不可知的部分，对尚未确定的答案的部分一概视为未知，说出自己的假设并加以验证。大胆猜想，敢于试错，宁可迅速发现错误，也不要用模糊的措辞隐藏错误。对于"不可知的因素"，结合费米推论的思想和工作经验给出结果，最后得出结论。这就是一个 AI 产品经理必须具备的思维方式。

向读者介绍费米推论，意在提供给各位一个解决问题的思维方法，具体来说，是通过此思维方法给 AI 产品经理一个解决各类产品问题的启发，希望在今后工作中能够有所帮助。

3.4 通过现象推断规律——贝叶斯定理

贝叶斯定理提供的是一种逆条件概率的方法，本节简单总结了贝叶斯定理是什么，贝叶斯定理应用的理解，以及贝叶斯定理在 AI 场景下的应用，目的是希望 AI 产品经理了解到这个定理的能力后，在设计相关推荐或是具有推理功能的应用场景，能通过贝叶斯定理来解决。

3.4.1 什么是贝叶斯定理

贝叶斯定理是关于随机事件 A 和 B 的条件概率（或边缘概率）的定理，其表达式如下。

$$P(A|B) = \frac{P(B|A)P(A)}{P(B)}$$

式中：$P(B|A)$ 为在事件 A 发生的前提下，发生事件 B 的概率；$P(A|B)$ 为在事件 B 发生的前提下，发生事件 A 的概率；$P(A)$ 为发生事件 A 的概率；$P(B)$ 为发生事件 B 的概率。

比如阴天的概率是 40%，下雨的概率是 10%，下雨天是阴天的概率是 50%，那么今天是阴天下雨的概率就是 P（雨 | 阴）=（10%×50%）/40% = 12.5%。通过概率计算发现今天阴天下雨的概率比较低，可以安心出行了。

因此，贝叶斯定理是条件概率的推断问题，这对于人们进行有效的学习和判断决策具有十分重要的理论和实践意义。

3.4.2 贝叶斯定理举例说明

对于贝叶斯定理的应用，难点在于两个事件 A 和 B 的界定与应用：为什么是 B 条件下的 A 的概率，而不是 A 条件下 B 的概率，$P(A|B)$ 和 $P(B|A)$ 之类的经常让人混淆。也就是在我们的场景中哪些定义为事件 A，哪些定义为事件 B。比如两个事件 A 和 B，这两个事件是相关的，在 A 事件下有发生 B 概率的可能性，在 B 事件下有发生 A 事件的可能性。但如果在 A 条件下事件 B 的现象更容易观测与统计，但是 A 的发生或是不发生也是有一定的规律（或规则），但是这种规律更容易观测，因此我们可以定义 A 是可观测的规律，B 是此规律下某一个现象，那么贝叶斯公式就可以理解为观察到的现象去推断现象后的规律所发生的概率问题：

$$P(规律 \mid 现象) = \frac{P(现象 \mid 规律)P(规律)}{P(现象)}$$

比如有两个箱子，箱子中分别有黑球和白球，其中箱子 1 有 10 个黑球、10 个白球，箱子 2 中有 5 个黑球，15 个白球。那我们随机选择一个箱子，从箱子中摸出一个球，发现是黑球，那么问这个黑球来自于一号箱子的概率是多大？

不难理解：摸出来黑球和白球是两个"现象"，但是黑球和白球在不同箱子里面概率是不一样的，因此箱子就是两个"规则"，这两个"规则"控制着"现象"的发生的概率，并且是容易观测得出的概率。

再例如前面提到的下雨和阴天的事件，这里面也有两个"规律"和两个"现象"：天气下雨和不下雨是两个"规律"，阴天和不是阴天是两个"现象"。从下雨这个"规律"中发现是阴天这个"现象"是更便于观测和统计的。

因此理解和使用贝叶斯公式的时候，注意区分哪个事件是"现象"，哪个事件是"规律"，通过"规律"下的"现象"是容易观测统计的，在某一"现象"下推断"规律"就是个推断的概率。

3.4.3 贝叶斯定理 AI 应用说明

通过分析可以得出：贝叶斯定理提供了一种发现逻辑，它与人类大脑的推理机制有很大的相似性，因此贝叶斯理论是人工智能中学习和推断的重要分支。

美国神经系统学家马尔认为人脑有三个层次：计算层、算法层、实现层。计算层的功能对获取的信息的处理，比如学习知识，记忆知识；算法层负责更加抽象的认知活动，比如归纳、推理等；实现层负责对抽象出来的算法进行相应生物机制的实现。

不难理解，贝叶斯理论是类脑计算的一个算法框架，因此，了解贝叶斯定理对理解 AI 的实现有着很重要的作用。要具体了解贝叶斯定理在 AI 中的应用，我们需要再对这个公式进行一下转换。

我们把 $P(A)$ 称为"先验概率"，即在 B 事件发生之前，我们对 A 事件概率的一个判断；$P(A|B)$ 称为"后验概率"，即在 B 事件发生之后，我们对 A 事件概率的重新评估；$P(B|A)/P(B)$ 称为"可能性函数"，这是一个调整因子，使得预估概率更接近真实概率：

$$后验概率 = 先验概率 \times 调整因子$$

这就是贝叶斯推论。我们先预估一个"先验概率"，然后加入在这个先验概率规律下发

生某现象的概率，看这个现象到底是增强还是削弱了"先验概率"，由此推论出更接近事实的"后验概率"，因此对于一个后验概率 $P(A|B)$ 的增强或是削弱是由两个因素来决定的。

比如拼写错误的纠正。当用户输入一个词汇，可能正确也可能错误，可以设定 P（正确）是此正确词的概率，P（错误）是此错误词的概率，当用户输入一个词是错误的，系统要推断出正确的词给用户，这就是拼写错误的纠正，也就是 P（正确 | 错误）概率越大，纠正的正确率也就越高。也就是说，知道这个词是错误的，然后去推断一个匹配度很高的正确的词汇给用户，定理中已知这个词的错误概率 P（错误），那么只要最大化 P（错误 | 正确）P（正确）的词就可以，因此找到一个正确的词汇出现这个错误的词汇概率最高的一个正确的词就可以。

再举一个互联网推荐的例子，比如系统内某一用户画像（例如"80 后女性"）购买某一商品可能性，将可能性最高的结果推荐给这些用户画像下的用户，根据互联网平台掌握的此商品浏览后购买概率、某一用户画像下用户浏览此商品的概率、某一用户画像下用户浏览此商品后够买的概率，这三个概率指标，可以找到某一用户画像下购买某商品概率最高的那种并推荐出来。

除此之外，贝叶斯定理经常应用到的案例就是垃圾邮件的分类，读者可以自行思考或寻找相关文献。以上简单总结了贝叶斯定理是什么，贝叶斯定理应用的理解，以及贝叶斯定理在 AI 场景下的应用，目的是希望 AI 产品经理了解这个定理的能力后，在设计相关推荐或是具有推理功能的应用场景时，判断是否能通过贝叶斯定理来解决！其实，贝叶斯理论除了贝叶斯定理之外，还有贝叶斯分析、贝叶斯逻辑、贝叶斯网络、贝叶斯分类器、贝叶斯决策、贝叶斯学习等相关理论与实践，这些知识在 AI 领域都有应用。

3.5 事务的判断与推荐——余弦相似度

3.5.1 什么是余弦相似度

在机器学习算法中，有很多方法计算某个对象之间的距离或是相似性，余弦相似度是通过衡量两个向量间的夹角大小，通过夹角的余弦值表示结果，余弦相似度的取值为【-1，1】，值越大表示越相似，如下式所示：

$$\cos\theta = \frac{a \cdot b}{\|a\|\|b\|}$$

其中 a 和 b 代表两个向量（向量是在空间中具有大小和方向的量，在数据计量中表示带箭头的线段。如果是在二维空间，余弦相似度的公式进一步修正如下：

$$\cos\theta = \frac{x_1 x_2 + y_1 y_2}{\sqrt{x_1^2 + y_1^2} \times \sqrt{x_2^2 + y_2^2}}$$

对于二维空间余弦相似度公式的理解，制作二维向量图和余弦定理，如图 3-5 所示。

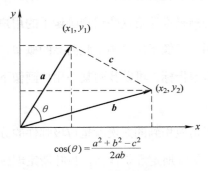

图 3-5　二维向量图和余弦定理

通过余弦定理与二维空间结合，即可推导出来二维空间下计算两个向量的余弦相似性公式。有兴趣的读者可以参考图 3-5，自行推导一下。如果假设空间是多维的，那么余弦相似度公式可再次扩展：

$$\cos\theta = \frac{\sum_1^n (A_i \times B_i)}{\sqrt{\sum_1^n A_i^2} \times \sqrt{\sum_1^n B_i^2}}$$

以上是对余弦相似度概括解释，以及公式演化形式，在下一节将会对以上公式的应用说明，请各位读者先好好理解以上公式。

3.5.2 余弦相似度应用说明

余弦相似度在度量文本相似度、用户相似度、物品相似度的时候，都是较为常用的方法。

1. 案例一：文本相似度

比如有如下两个句子：

句子 A：他不仅是一个歌手，还是一个舞者；

句子 B：他既是一个歌手，也是一个舞者。

那么如何计算以上两个句子的相似度，首先我们要找到如何评价这两个句子，用什么方法将这两个句子向量化？直观地看，两个句子用词相近，那句子整体相似度就高，因此从词频入手，来计算其相似性。

首先，进行分词处理：

句子 A：他 不仅 是 一个 歌手 还是 一个 舞者

句子 B：他 既 是 一个 歌手 也 是 一个 舞者

其次，列出所有的词：

他 不仅 既 是 一个 歌手 还 也 舞者

第三步，计算词频：

句子 A：他（1） 不仅（1） 既（0） 是（2） 一个（2） 歌手（1） 还（1） 也（0）舞者（1）

句子 B：他（1） 不仅（0） 既（1） 是（2） 一个（2） 歌手（1） 还（0） 也（1）舞者（1）

第四步，总结出来两个句子的词频向量：

句子 A（1，1，0，2，2，1，1，0，1）

句子 B（1，0，1，2，2，1，0，1，1）

这样问题就变成了如何计算这两个向量的相似程度。都是从原点出发，指向不同的方向的向量。通过公式计算得出 A 和 B 的余弦相似度值：

$$\frac{1\times1+1\times0+0\times1+2\times2+2\times2+1\times1+1\times0+0\times1+1\times1}{\sqrt{1^2+1^2+0^2+2^2+2^2+1^2+1^2+0^2+1^2}\times\sqrt{1^2+0^2+1^2+2^2+2^2+1^2+0^2+1^2+1^2}}=\frac{11}{\sqrt{13}\times\sqrt{13}}\approx0.85$$

通过余弦相似度公式，可以计算出来这来两句话意思很相近。从这个案例不难发现，想要利用余弦相似性公式来计算两者之间的相似性，首先要确定向量化的方法（比如本案例中，通过将两个句子通过分词的方式，计算词频来向量化），理解向量值的多维度（本案例通过分词得出 9 个维度的向量值），然后将向量化后的值带入到公式中，去计算相似度。

联想其他案例，比如对于两篇文章，两个实体的相似性对比，可以通过向量化关键词、实体画像特征等进行向量化，然后通过这些特征向量化的维度值，进行计算相似性。

2. 案例二：用户相似度

比如有一个外卖平台，两个用户 A 和 B，平台新出了两款新品套餐，分别是 a 和 b，用户 A 对这两款新品的评分是 1 分和 2 分，b 对这两款新品的评分是 4 分和 5 分，我们通过余弦相似度来评价一下两个用户的相似度。

假如将对这新品套餐评分作为特征向量，两个产品的评分即分别是两个维度的向量值，是那么 A 和 B 的特征向量分别是（1，2）和（4、5），代入公式计算得出：0.98。

通过公式计算，发现两个相似度很高，但是这跟我们的直觉判断显然不一致，从直觉判断，这两个用户应该相似度很低才对，这说明我们选定好评价的特征向量后，对于向量值的的确定出现了问题，对（1，2）、（4、5）进行转换，变成与平均分 3 的差额，的出来新的向量值（−2，−1）、（1、2）之后，重新计算得出相似度为 −0.8，这个结果比较接近事实。

通过这个案例可以看到：在找到特征向量后，对于向量值的取值与评价也需要灵活考虑，可以结合统计学知识。

3.5.3 使用余弦相似度注意事项

对于 AI 产品经理，在理解和运用余弦相似度时需要考虑以下问题。

首先，余弦相似度是对两个对象之间的比较，将两个对象向量化，在向量化的过程中，要找到两个对象比较的基础，也就是特征，针对与不同特征赋予向量值的意义，并且在选取向量值时，定量化的评分要符合逻辑，然后通过公式计算相似度。

其次，余弦相似度很难做到向量长度的归一化。比如两篇文章，讲的同一个事情，一篇200 字，一篇 5000 字。假如通过关键词相似可以判定两个文章是高度相似的，假如还是用内容分词通过词频的方式，那么有很大可能是不相似的，因为词量差距太大。因此选取的特征向量时尽量选取维度少，但是又能全面评价二者的指标。

除此之外，关于相似度的判断，在机器学习中除了余弦相似度还有其他方法，比如欧氏距离、皮尔逊相关度、杰卡德相似度等方法，有兴趣的读者可以进一步了解。

3.6 在挑选与下手之间做决定——最优停止理论

当事情达成某种平衡时，我们在做决定的时候应该如何去思考？如何找到这个平衡点，能让我们的决定更加明智？

3.6.1 什么是最优停止

1. 租房经历

大多数打工人员都有租房的经历，尤其是在一线城市，需求总是大于供给，通常我们在很难从曾经看过的房子中顺利选出最好的去租下，因为可能想租的那套已经被租出去了，再加上各种客观的原因，我们很难有足够的机会能反复权衡作出决定。

在看房期间作出决定，我们总是会担心两个事情：担心看过的好房子被别人抢走，还有其他好房子还没看到。这就要求我们必须在继续挑选和立刻下手之间达成某种平衡。那么如何找到这个平衡点？

用数学的方法，我们得到了答案：37%。也就是说，在看前 37% 房子时不要作出决定，等过了这个数字，就得做好随时签约租房协议的准备，假如我们有一个月的找房时间。那么在前 11 天可以尽管看房，明确选房标准，等过了 11 天，遇到觉得合适的房子，就要准备随时签合同了。这个 37% 理论就是"最优停止"理论。

这个 37% 如何得出来的呢？下面用一个最优停止理论经典的案例来进行解释。

2. 招聘案例

假如你是一个产品经理，需要招聘一个产品专员，筛选了几分简历，决定面试甲、乙、丙、丁这 4 个人。每次面试之后，你有两个选择，要么聘用此人，要么拒绝。我们如何才能让招聘最佳人选的机会最大，终止面试呢？

假设这四个人的个人能力排序是：丁 > 丙 > 乙 > 甲，而面试顺序是随机的，前提也不知道丁是最棒的，如果我们面试完这四个人，是有 24 种可能的，也就是 4 种排列。

假如有三种策略：

第一种策略：面试完第一人就决定录用，能录用到丁的概率是 25%；

第二种策略：面试完最后一人就决定录用（前三人不要），能录用到丁的概率是 25%；

第三种策略：面试完第一人不做决定，作为判定标准，一旦出现比他高的人就录用，能录用到丁的概率是 46%。假如第一个人是就是丁，后面面试的能力都比他弱，选中丁的概率是 0；假如第一个人是甲，其他人的能力都比甲好，但是录取到丁的概率是 2/24；假如第一个人是乙，第二个人是甲的话，肯定不用，第二个人是乙、丙、丁就会录用，但是能录用到丁的概率就是 3/24；假如第一个人是丙，只有丁比他强，因此只要丁一出现就会被录取，有 6/24 的可能性，以上可能性加到一起就是 11/24=46%。我们发现第三种策略能选到最优人员的概率要大。

以上是 $N = 4$ 的时候，当 N 变动时，概率是什么样子的呢？见表 3-1。

表 3-1 人数变化选中优秀人员概率变化

人数	作为标准的人数	选中优秀人员概率
4	1	46%
5	2	43%
6	2	42.78%
…	…	…
100	37（37%）	37.1%
1000	369（36.9%）	36.8%

当 N 无限大，作为标准的策略就是 N/e（e 是自然常数），概率就是 $1/e$，是不是很神奇。

假如人数是 10000，我们采取的策略是 10000/2.71828 = 3678，不做录取，只做标准，选中最优人员的概率为 $1/e = 36.8\% \approx 37\%$。

这就是 37% 的由来，37% 即在做最优停止时选择标准根据样本计算的依据。

3.6.2　如何应用最优停止

对比"招聘案例"和"租房经历"这两个案例，有以下共同点：

1）博弈的存在，不管是招人还是租房，我们都需要作出决定：选择还是拒绝；

2）机会成本，不管是招人还是租房，我们都需要承担因选择而错失更好，或因拒绝而失去更好的成本；

3）信息不对称，都是在很难获取到全面的数据情况下作出选择。

当然也有不同的地方，对于招聘案例，是按照所招聘的人数作为样本，通过 37% 法则计算出来作为不录取仅作为判定标准的人数，对于租房经历，是通过租房时间作为样本来作为判断，通过 37% 法则计算出来作为找房子不作决定的时间来作为依据。

除了以上两个案例，还有一些经典案例都可以参考最优停止理论，比如：结婚（什么时候结婚，什么年龄结婚），选择停车位（离停车位多远之后必须作出停车的决定）。

因此，在应用最优停止理论时，除了考虑这个事件是不是一个最优停止事件外，最重要的是如何应用 37% 法则，找到恰当阈值的核心是选取的样本是什么，要根据情况具体分析使用。

比如，对于招聘案例，能确定的是招聘的人数，从人数中算出这个阈值；对于租房，能确定的是我们找房子的时间，通过时间算出这个阈值；对于结婚，可以先确定希望结婚的年龄范围，通过年龄范围样本算出这个阈值；对于停车位，能先确定要停车的最佳位置，距离最佳位置的距离，通过距离算出这个阈值。

3.6.3　对 AI 产品经理的借鉴意义

了解数学、了解算法、掌握其中的思想，不仅可以对我们在生活中、工作中的不确定事件提供一个指导，对于 AI 产品经理而言，更是希望产品经理了解算法，在进行产品设计或是产品运营时有"法"可依。

　　举个例子：当我们在做"地推"的运营工作，要求我们发放一些卡券，假如我们仍然跟发小广告一样见人就发，是不是会导致卡券可能没有发到目标用户上，导致卡券效果没有达到？发卡券的本质是找到目标用户，并发出去，希望一定量的卡券能够覆盖更多的目标用户。在这里我们就可以参考 37% 法则思想，先收集意向，确定用户画像标准，然后通过标准用户，来更加精准地判断哪些用户更有可能是目标用户，然后带着目标去发卡券。

3.7　学会举一反三——迁移学习

　　迁移学习是机器学习中一种常见的方法，可以通过迁移学习，将一些建好的学习模型通过迁移的方式来加速训练过程。

3.7.1　什么是迁移学习

　　迁移学习作为机器学习中的一种方法（除了迁移学习还有深度学习、强化学习），指的是将一个开发模型应用到其他任务或是类型中，也就是在机器处理全新的领域，难以获取大量数据去构建模型时，可以采取迁移学习的方法，通过少量数据训练来适用于新领域。

　　比如，我们学会了弹吉他，我们再去学习钢琴、小提琴等其他乐器，可以节约好多时间，我们可以从学习吉他中的乐理知识、音阶等相关知识，迁移到其他乐器中，从而降低学习的难度，节约学习的时间。

　　迁移学习通常应用到计算机视觉、自然语言处理等相关 AI 领域，通过神经网络学习需要大量数据和长时间的计算，某些情况下难以获取足够的资源，所以我们通过迁移学习的方式，将一些建好的学习模型通过迁移的方式来加速训练过程。通俗来讲，迁移学习就是一种举一反三的学习方法。

3.7.2 如何进行迁移学习

要理解如何进行迁移学习，应当先了解如下定义。

域：一个域 D 由一个特征空间 X 和特征空间上的边际概率分布 $P(X)$ 组成，其中 $X = x_1, x_2, \cdots, x_n$。举个例子：对于一个文档，其有很多词袋表征（bag-of-words representation），X 是所有文档表征的空间，而 x_i 是第 i 个单词的二进制特征。$P(X)$ 代表对 X 的分布。

任务：在给定一个域 $D = \{X, P(X)\}$ 之后，一个任务 T 由一个标签空间 y 以及一个条件概率分布 $P(Y/X)$ 构成，其中，这个条件概率分布通常是从由"特征——标签"对 x_i, y_i 组成的训练数据中学习得到。

源域：在迁移学习中，已有的知识叫源域。

目标域：在迁移学习中，要学习的新知识叫目标域。

以上概念如果不是专门做 AI 技术的读者可能很难理解，下面举个例子来解释一下：有一个养狗的高手，对不同的狗的品种都能分辨出来，能够识别不同狗的特征。有一天他想去买只猫，他就从养狗的经验上去学习猫、分辨猫，发现按照狗的特征是难以正确地分辨猫的，因此他又重新学习了猫的特征。

在这个案例中：域就是猫或狗，源域就是狗，目标域就是猫，任务就是猫或狗的特征或特点，这样说就是不是就好理解了？

在迁移学习中有不同的方法。

1. 基于实例的迁移学习方法

在源域中找到与目标域相似的数据，把这个数据的权值进行调整，让目标域与源域权值数据相匹配，然后对调整的数据进行训练学习，不断地调整权值，最终形成目标域的模型。这属于将源域中的样本进行迁移，适用于样本与样本之间相似度较高的情况。

2. 基于特征的迁移学习方法

通过源域与目标域相同的特征进行提取，找到共同特征，然后学习。它与基于实例的迁移学习方法的不同在于——基于实例的是从实际数据中进行选择，来匹配与目标域相似的部分，进行学习；基于特征的是找到源域与目标域的相同交集特征，进行学习。

3. 基于模型的迁移学习方法

基于模型的迁移学习方法指通过源域训练好的模型，直接应用到目标域中，通过目标域中少量数据去训练此模型，进行学习，比如，已有一个识别狼狗的模型，这个模型可以训练识别哈士奇。

4. 基于关系的迁移学习方法

如果两个域有些相似，特别是它们之间存在某种关系时，可以根据域中相同的关系的背后逻辑进行迁移，比如：生物病毒传播的规律迁移到电脑病毒的传播规律。

3.7.3 对 AI 产品经理的启发

前面对迁移学习进行了概述，并对迁移学习的方法进行了介绍，接下来总结一下迁移学习使用场景。迁移学习主要用于解决下面 2 个问题：

1）数据量不足的问题：一方面是因为某些领域，数据量比较少；另一方面是因为收集大量数据需要较高的资源和成本。此时需要考虑迁移学习的方法。

2）个性化方面的问题：通过群体数据，难以反映一个个体的特征。

对于 AI 产品经理，我们在设计产品或是设计某些逻辑的时候，可以看一下设计场景是否符合迁移学习的使用场景，如果通过迁移学习的方法，能否解决的产品设计问题，比如以下案例。

1. 数据量成本案例

比如不同产品用户评价模型的迁移，一个产品好或坏，需要分析大量用户的评价，通过对评价的标注，建立评价模型，但是如果有大量产品，并且不同用户有不同的用户评价习惯，不同的用语，来表达对产品的好或是坏，就很难收集到全面的用户评价数据。

因此，通过迁移学习，只需要从少量产品的大量数据评价中去标注，去训练，形成标注模型，再将此模型应用到其他产品中，就可以迅速分辨这个产品在用户眼里是好是坏。

2. 个性化推荐案例

比如，有一个售卖书籍的电商平台，根据用户偏好、行为等对其做了智能推荐，然后想在电商平台上新增电影推荐的内容。假如想让电影推荐内容一上线就能精准且智能地推荐给用户，就可以使用书籍的智能推荐方案迁移到电影内容推荐这个产品上，即如果某一用户群体喜欢悬疑类书籍，那系统就可以推荐一些悬疑类电影内容。

再比如，一个新 APP "冷启动" 时的个性化推荐，是否可以利用之前已上线 APP 的用户画像描述，通过特征迁移的方式，做个性化推荐？通过对迁移学习的介绍，希望我们 AI 产品经理设计这样的产品时，获得有一些启发。

第 4 章
AI 产品设计方法论

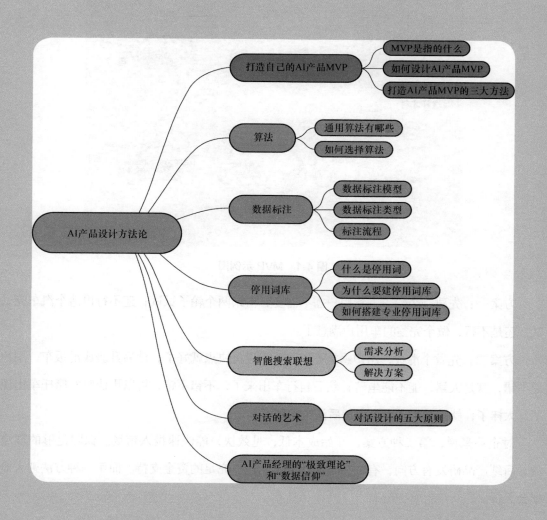

4.1 摒弃直觉，打造自己的 AI 产品 MVP

MVP（Minimum Viable Product，最小化可实行产品）是指通过提供最小化可行产品获取用户反馈，并在这个最小化可行产品上持续快速迭代，直到产品到达一个相对稳定的阶段。它可以快速验证团队的目标，快速试错，如图 4-1 所示。

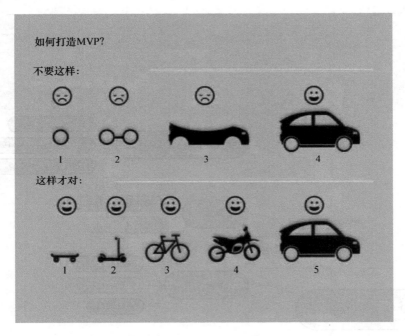

图 4-1　MVP 示例图

方案一：先建一个轮子，看用户需不需要；再来两个轮子试试；还不行再造个汽车壳试试？还是不行，做个完整的车用户满意了。

方案二：先做个滑板，用户感觉不错，反馈说再快点就好了；然后升级成滑板车，用户说不错，就是太累，能不能坐着；然后自行车出来了，不错不错，可以更快吗？摩托车出现了，太棒了，就是乘的人太少；然后汽车出现了。

对企业来说，第二种方案，开始成本低，见效快，能快速投入市场。保障足够的现金流，后续产品研发有方向，有数据，成功率高，还有充足的资金支持。而第一种方法则大概率会夭折。

4.1.1 如何设计 AI 产品 MVP

在传统产品设计中，MVP 的意义更多是为了验证产品功能和核心的功能规划取舍，能够快速地开发出对用户有价值的最小可用产品，从功能列表中定位出产品的核心功能，再投放市场收集用户反馈，然后再调整产品的规划，如图 4-2 所示。

图 4-2　MVP 设计流程

在 AI 产品的 MVP 设计中则要多加入一个环节：技术的可实现性，如图 4-3 所示。

图 4-3　AI 产品 MVP 设计流程

现阶段 AI 技术还不是很成熟，也还没有绝对普及，而用户或公司决策层对 AI 可实现的功能的期望常常过高，所以需要在产品设计前先对技术可实现性做调研，在产品设计后要和技术团队做技术实现程度的沟通，要知道，其他公司的技术能做到的，你们不一定做得到。总之，产品经理要能够尽可能客观地降低客户或者公司决策层的期望，尽可能地提高技术团队的实现效果。

4.1.2　打造 AI 产品 MVP 的三大方法

1. 接口调用

人工智能产品大都是应用到了自然语言处理、图像、文字、人脸与人体识别、视频、AR 与 VR、数据智能和知识图谱等技术。这些底层技术各大厂都已经做得很成熟了，在 AI 产品设计的 MVP 阶段，可以直接调用成熟的算法接口，使自己产品具备基础 AI 能力。图 4-4 所示即为百度 AI 平台开放的相应技术接口的一部分。

图像识别 ＞

通用物体和场景识别	品牌logo识别
识别超过10万类常见物体和场景	识别2万类商品logo，支持定制logo图库
植物识别	动物识别
识别2万多种通用植物和近8千种花卉	识别近8千种动物
菜品识别	地标识别
识别超过5万种菜品，支持定制菜品图库	识别5万中外著名地标、景点
果蔬识别	红酒识别
识别近千种水果和蔬菜	识别数十万中外红酒名称及详细介绍
货币识别	图像主体检测
识别国内外常见货币，支持正反面、纪念钞	检测图片内主体的坐标位置

图 4-4　百度 AI 平台开放图像识别接口

2. 演示视频

著名的文件共享产品 Dropbox，在初期并没有开发一个成品出来，而是采用了 MVP 的方法，用 3 分钟左右的视频展示了 Dropbox 的预期功能，结果就是注册量一夜之间从 5000 人激增到 75000 人，这还是发生在没有实物产品的情况下。

3. 人工 + 智能

AI 的本质就是智能替代人工，但是智能的开发成本太高，那能不能先用人工替代智能，或者先替代一部分智能？例如某个 APP 上要有智能客服，要能回答用户的技术问题。要是立刻去做知识图谱，收集语料、构建关系、搭建知识图谱、训练模型、意图识别……当整个工作完成估计半年过去了，那该怎么办呢？

其实，很多这样的 APP，是先靠真正的技术人员来"冒充"机器人，在线解答用户问题，因为这样一来，首先可以验证的是会不会有人来问机器人问题，会问到什么问题，会问到什么程度，当搜集到足够多的问题后，对问题进行统计，再来评估是用知识图谱还是知识库 QA，从而一步步建立真正的"智能"客服。

对于 AI 产品经理来说，了解技术边界和技术团队的能力边界至关重要，产品的设计必须基于这两点，否则可能很难快速上线。AI 产品的 MVP 其实更多是验证产品的可实现性。AI 产品应该具备更高的容错性，在产品前期要做更多的妥协，以产品的主要功能完善为第一要务，细节的打磨要等产品上线后慢慢来。这也是现阶段的 AI 产品开发很常用的路径。

4.2 算法——未来世界的真规则

中世纪拉丁语"算法（algorismus）"指的是用印度数字进行四个基本数学运算——加法，减法，乘法和除法的程序和捷径。后来术语"算法"被人们用作表示任何逐步的逻辑过程，并成为计算逻辑的核心。

算法的历史可以分为三个阶段：在古代，算法可以认为是程序化、规则化仪式的过程，通过该过程实现特定的目标和传递规则；在中世纪，算法是辅助数学运算的过程；在现代，算法是逻辑过程，是机器和数字计算机完全机械化和自动化。

算法就是计算或者解决问题的步骤。想用计算机解决特定的问题，就要遵循相应的算法。特定问题是多种多样的，比如："将随意排列的数字按从小到大的顺序重新排列""寻找出发点到目的地的最短路径"等。

现在算法已经广泛应用到了生活当中，在浏览网上商城商品的时候，推荐的商品，就应用到了协同推荐算法，"我和老王都买了 a、b 这两个商品，并且老王还买了 c。那么，有比较大的概率我也会喜欢 c 商品"。推荐算法认为，当你喜欢一个物品时，你会倾向于也喜欢同类型的其他物品。于是，当用户在音乐 APP 中选择某一首歌，与它相似的那一堆歌曲很快就会被放进推荐中。

4.2.1 通用算法有哪些

算法时代已经到来，算法带来的变化就发生在我们身边："滴滴出行"使用算法来连接司机和乘客；"美团"用算法连接了商家和客户和物流，并通过规划最优路径将食物直接"投递"到客户手中。

智能算法正在颠覆消费行业。但是，这种改变才刚刚开始，未来十年将有可能看到所有行业都受到算法的影响。算法可以更快做出更明智的决策，并且降低风险，这就是算法的意义。

解决不同的问题需要用到不同的算法，或者是几种算法配合使用。熟悉并了解各类算法，对 AI 产品经理在设计产品的时候可以起到辅助决策的作用。下面我们一起来看看都有哪些算法，如图 4-5 所示。接下来简单介绍其中一些常见的算法。

1. 协同过滤

协同过滤，从字面上理解，包括协同和过滤两个操作。所谓协同就是利用群体的行为来做决策（推荐），生物上有协同进化的说法，通过协同的作用，让群体逐步进化到更佳的状态。对于 AI 推荐系统来说，通过用户的持续协同作用，给用户的推荐会越来越准。而过滤，就是从可行的决策（推荐）方案（标的物）中将用户喜欢的方案（标的物）找（过滤）出来。

具体来说，协同过滤的思路是通过群体的行为来找到某种相似性（用户之间的相似性或者标的物之间的相似性），通过该相似性来为用户做决策和推荐。只不过协同过滤算法依赖用户的行为来为用户做推荐，如果用户行为少（比如新上线的产品或者用户规模不大的产品），就很难发挥协同过滤算法的优势和价值，甚至根本无法为用户做推荐。这时可以采用基于内容的推荐算法作为补充。

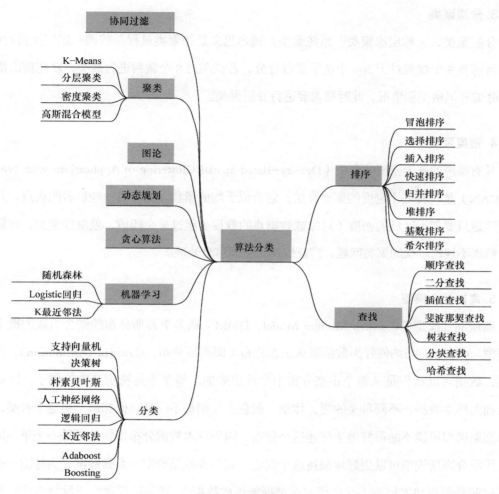

图 4-5 算法分类

2. K-Means

K-means 算法是非监督聚类最常用的一种方法，因其算法简单和适用于大样本数据，而应用于不同领域，K-means 算法用来查找那些包含没有明确标记数据的组。这可以用于确定商业假设，如存在什么类型的分组或为复杂的数据集确定未知组。一旦该算法已运行并定义分组，任何新数据可以很容易地分配到正确的组。

3. 分层聚类

分层聚类，又称层次聚类、系统聚类，顾名思义是指聚类过程是按照一定层次进行的。比如当前有 8 个裁判对于 300 个选手进行打分，若试图对 8 个裁判进行聚类，以挖掘出裁判的打分偏好风格类别情况，此时则需要进行分层聚类。

4. 密度聚类

具有噪声的基于密度的聚类（Density-Based Spatial Clustering of Applications with Noise，DBSCAN）是一种基于密度的聚类算法，它类似于均值漂移，但具有一些显著的优点。其主要原理是只要邻近区域的密度（对象或数据点的数目）超过某个阈值，就继续聚类，该算法善于解决不规则形状的聚类问题，广泛应用于空间信息处理。

5. 高斯混合模型

高斯混合模型（Gaussian Mixture Model，DMM）指多个高斯分布的结合组成的概率分布模型。GMM 的归纳偏好为数据服从正态分布（即高斯分布，Gaussian Distribution），换句话说，数据可以看作是从数个正态分布中生成出来的。举个不是特别准确的例子，比如有一组猫的样本数据，不同种类的猫，体型、颜色、长相都不一样，但都属于猫这个种类，此时单高斯模型可能不能很好地来描述这个分布，因为样本数据分布形状并不是一个单一的椭圆，用混合高斯模型可以更好地描述这个问题。简单说就是给定一系列数据，训练出一个能描述这些数据规律的模型（并期望潜在过程能生成数据）。训练过程通常要反复迭代，直到无法再优化参数获得更贴合数据的模型为止。

6. 图论

图论起源于一个著名的数学问题——哥尼斯堡（Konigsberg）问题，即七桥问题。1738 年，瑞典数学家欧拉解决了这个问题，他也成为了图论的创始人之一。

如今图论是数学的一个分支，它以图为研究对象。图论中的图是由若干给定的点及连接两点的线所构成的图形，这种图形通常用来描述某些事物之间的某种特定关系，用点代表事物，用连接两点的线表示相应两个事物间具有这种关系。图论算法是用来求解实际问题的一种方法，在数学建模的求解过程中经常被应用。

在计算机科学领域有着各种各样的图论算法，如深度优先遍历，广度优先遍历；单源最短路，多源最短路；最小生成树；最大流；拓扑排序，强连通分量；最小生成树。

7. 动态规划

动态规划（Dynamic Programming）是一种把原问题分解为相对简单的子问题以求解的方法，为了避免多次解决重复的子问题，子问题的结果都被保存，直到整个问题得以解决。

动态规划的思考过程可以总结为：①大事化小。一个较大的问题，通过找到与子问题的重叠，把复杂的问题划分为多个小问题，也称为状态转移；②小事化了，小问题的解决通常是通过初始化，直接计算结果得到。

8. 贪心算法

所谓贪心算法是指，在对问题求解时，总是做出在当前看来是最好的选择。也就是说，不从整体最优上加以考虑，所做出的仅是在某种意义上的局部最优解。

贪心算法的基本思路是首先建立数学模型来描述问题，把求解的问题分成若干个子问题。然后对每一子问题求解，得到子问题的局部最优解，最后把子问题的解局部最优解合成原问题的一个解。用贪心算法只能通过解局部最优解的策略来达到全局最优，因此，一定要注意判断问题是否适合采用贪心算法策略，找到的解是否一定是问题的最优解。

9. 随机森林

随机森林是一种集成机器学习算法，是通过集成学习的思想将多棵决策"树"集成的一种算法，它的基本单元是决策树，不同于决策树，它的本质属于机器学习的一大分支——集成学习方法。

随机森林的名称中有两个关键词："随机"和"森林"。"森林"很好理解，一棵叫树，那么成百上千棵就可以叫森林了，这样的比喻还是很贴切的，其实这也是随机森林的主要思想——集成思想的体现。

随机森林的主要作用是降低模型的复杂度，解决模型的过拟合问题。

10. Logistic 回归

Logistic 回归是机器学习从统计学领域借鉴过来的另一种技术。其主要思想是：根据现有数据对决策边界（Decision Boundary）建立回归公式，以此进行分类，它是二分类问题的首选方法。

像线性回归一样，Logistic 回归的目的也是找到每个输入变量的权重系数值。但不同的是，Logistic 回归的输出预测结果是通过一个叫作"logistic 函数"的非线性函数变换而来的。

11. K 最近邻法

K 最近邻（KNN）法简单而高效，KNN 的模型表示的是整个训练数据集。

对新数据点的预测结果是通过在整个训练集上搜索与该数据点最相似的 K 个实例（近邻），并且总结这 K 个实例的输出变量而得出的。对于回归问题来说，预测结果可能就是输出变量的均值；而对于分类问题来说，预测结果可能是众数（或最常见的）的类的值。

KNN 算法的思想很简单，"距离"相近的事物总会具有更多的共性。例如：预测一个人的饮食风格只是根据与他相近的人来预测的，而并不用说明这个人的年龄、收入是如何影响他的饮食风格的。

12. 支持向量机

支持向量机（Support Vector Machine，SVM）是一种分类算法，通过寻求最小结构化风险来提高学习机泛化能力，实现经验风险和置信范围的最小化，从而达到在统计样本量较少的情况下，也能获得良好统计规律的目的。

通俗来讲，它是一种二类分类模型，其基本模型定义为特征空间上的间隔最大的线性分类器，即支持向量机的学习策略便是间隔最大化，最终可转化为一个凸二次规划问题的求解。

13. 决策树

决策树是一种树形结构，其中每个内部节点表示一个属性上的测试，每个分支代表一个测试输出，每个叶节点代表一种类别。常见的决策树算法有 C4.5、ID3 和 CART。

决策树主要用于分类预测，即各个节点需要选取输入样本的特征，进行规则判定，最终决定样本归属到哪一棵子树。决策树是一种简单常用的分类器，通过训练好的决策树可以实现对未知的数据进行高效分类。

14. 朴素贝叶斯

朴素贝叶斯是一种简单而强大的预测建模算法。该模型由两类可直接从训练数据中计算出来的概率组成：数据属于每一类的概率；给定每个 x 值，数据从属于每个类的条件概率。一旦这两个概率被计算出来，就可以使用贝叶斯定理，用概率模型对新数据进行预测。当新数据是实值的时候，通常假设数据符合高斯分布（钟形曲线），这样就可以很容易地估计这些概率。

15. 人工神经网络

人工神经网络是在现代神经科学的基础上提出和发展起来的一种旨在反映人脑结构及功能的抽象数学模型。它具有人脑功能基本特性：学习、记忆和归纳。人工神经网络是机器学习的一个庞大的分支，有几百种不同的算法。

重要的人工神经网络算法包括：感知器神经网络（Perceptron Neural Network）、反向传递（Back propagation）、Hopfield 网络、自组织映射（Self-Organizing Map，SOM）、学习矢量量化（Learning Vector Quantization，LVQ）等。

16. 逻辑回归

逻辑回归是一种用于解决监督学习问题的学习算法，进行逻辑回归的目的，是使训练数据的标签值与预测出来的值之间的误差最小化。逻辑回归广泛应用于机器学习中，比如数据清洗。

逻辑回归实现简单，分类时计算量非常小，速度很快，存储资源低；便利的观测样本概率分数；计算代价不高，易于理解和实现等优点。

17. Adaboost

AdaBoost 是第一个为二分类问题开发的真正成功的 Boosting 算法。它是人们入门理解 Boosting 的最佳起点。当下的 Boosting 方法建立在 AdaBoost 基础之上，最著名的就是随机梯度提升机。

18.Boosting

Boosting 是一种试图利用大量弱分类器创建一个强分类器的集成技术。要实现 Boosting 方法，首先需要利用训练数据构建一个模型，然后创建第二个模型（它企图修正第一个模型的误差）。直到最后模型能够对训练集进行完美地预测或加入的模型数量已达上限，才停止加入新的模型。

19. 排序

我们生活的这个世界中到处都有排序，站队的时候会按照身高排序，考试的名次需要按照分数排序。如何快速高效排序，有多种算法，经典的排序算法有插入排序、希尔排序、选择排序、冒泡排序、归并排序、快速排序、堆排序、基数排序。其中插入排序是一种最简单直观的排序算法，它的工作原理是通过构建有序序列，对于未排序数据，在已排序序列中从后向前扫描，找到相应位置并插入。

把这些算法按照稳定性来分，稳定的排序算法：冒泡排序、插入排序、归并排序和基数排序；不是稳定的排序算法：选择排序、快速排序、希尔排序、堆排序。

20. 查找

查找是指在大量的信息中寻找一个特定的信息元素，在计算机应用中，查找是常用的基本运算，例如编译程序中符号表的查找。最为经典的算法有顺序查找算法、二分查找算法、插值查找算法、斐波那契查找算法、树表查找算法、分块查找算法、哈希查找等。

以哈希查找为例，要了解哈希查找就要先了解哈希函数，要了解哈希函数就要先了解哈希表，哈希表又称散列表，是通过函数映射的方式将关键字和存储位置建立联系，进而实现快速查找。哈希函数的规则是通过某种转换关系，使关键字适度地分散到指定大小的顺序结构中，越分散，则以后查找的时间复杂度越小，空间复杂度越高。

哈希查找的思路很简单，如果所有的键都是整数，那么就可以使用一个简单的无序数组来实现：将键作为索引，值即为其对应的值，这样就可以快速访问任意键的值。这是对于简单的键的情况，实际应用中可以将其扩展到可以处理更加复杂的类型的键，比如"以图搜图"的关键算法就是应用了哈希查找。

4.2.2 如何选择算法

当有多个算法都可以解决同一个问题时，我们该如何选择呢？在选择算法上，考量的角度不一样，比如下面这两个：

1）消耗算力的大小：简单的算法对人来说易于理解，也容易被写成程序，而在运行过程中不需要耗费太多空间资源的算法，就十分适用于内存小的计算机。

2）时效性的强弱：对于实时响应的程序，一般来说我们最为重视的是算法的运行时间，即时效，也是从输入数据到输出结果这个过程所花费的时间。

在一般人眼中，算法是一种深奥且难以理解的东西。但是在 AI 产品经理眼中，算法是一件件好用的工具，可以帮助 AI 产品经理搭建出一个个完美的杰作。对算法的了解程度不必太深，毕竟产品经理不是写代码的，但是了解算法的原理及应用场景，是必不可少的能力。

4.3 数据标注——人工智能的催化剂

数据是 AI 公司的必需品。数据对于 AI 模型尤为重要，AI 建模没有门槛，数据才是门槛。现阶段的 AI 是简单的认知智能。分类器的构造就是由数据堆起来的，本质上是数学问题；深度学习本质上也是个数学问题，是由大量的样本空间数据反向构造分类器的系数空间的过程。

4.3.1 数据标注模型

数据标注业务的配置是一个复杂的数学模型。比如，有些任务需要串 - 并联的工作流，并联的工作流指多人协同的工作。串联的工作流指后一个结果是基于前一个结果进行处理的，串 - 并联的工作流需要平台来实现业务工作流的配置。比如一些自然语言处理类型的文本标注作业，需要多个人来标注，最后 N 选 1 或者投票。串 - 并联配置涉及底层数据流的分发等。或者说更像是一个流水线作业流程，如图 4-6 所示。

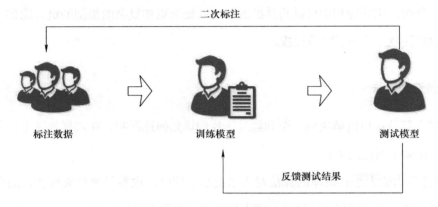

图 4-6　标注流程图

数据标注的工作就是不断地用标注后的数据去训练模型，不断调整模型参数，得到指标数值更高的模型。

数据的质量直接会影响到模型的质量，因此数据标注流程设计和监督纠错就显得异常重要。

一般来说，数据标注部分可以有三个角色：数据标注员负责标记数据（文本、图像、视频）；数据审核员——负责审核被标记数据的质量（抽检）；标注管理员——管理人员、发放任务、跟进流程。一般众包平台数据标记流程如下：

1）任务分配：数据分配由后台自动分发，根据用户选择标注类型每次分发几条内容，标注完成后再次分发。

2）复核入库：一条任务会分配给大于三个人的基数人员完成，根据少数服从多数原则确定该条数据的最终标签。

3）质量验收：会根据用户标注总数量和入库数量计算该用户的标注质量，和计算有效标注数量，质量高的和质量低的薪酬计算方法会有差别，以此来淘汰不能完成高质量标注的人员。

4.3.2 数据标注类型

1. 图像标注——线标注

根据需求标注检测对象相对应的线型位置，例如车道线标注，如图 4-7 所示。

图 4-7　线标注

2. 图像标注——边框标注

标注检测对象相对应的区域，例如汽车 / 行人等各种物体的标注，如图 4-8 所示。

图 4-8　边框标注

3. 图像标注——3D 边框标注

将图像中待检测物体以立体形式标注，例如汽车检测，如图 4-9 所示。

图 4-9　3D 边框标注

4. 图像标注——语义分隔

根据检测区域不同，将图像标注为不同的像素，例如来自汽车拍摄的图像，如图 4-10 所示。

图 4-10　语义分隔

5. 图像标注——多边形标注

根据需求标注检测对象的形状，例如标注图像中的汽车轮廓（示例图）或标记污损边界。如图 4-11 所示。

图 4-11　多边形标注

6. 图像标注——点标注

根据需求标注检测对象参考点的像素坐标，或者图像中的关键点标记，如手关节标注，如图 4-12 所示。

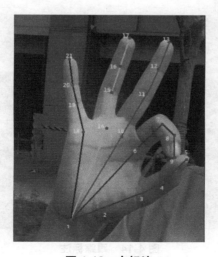

图 4-12　点标注

7. 图像标注——3D 点云标注

在 3D 空间中，标注点云数据中指定的检测对象，如汽车、行车道等，如图 4-13 所示。

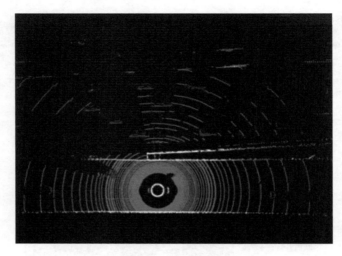

图 4-13　3D 云点标注

8. 视频标注——跟踪标注

在视频或者连续的图像中跟踪标注所检测的对象，形成有 ID 关联的运动轨迹，如图 4-14 所示。

图 4-14　跟踪标注

9. 文本标注——中英文语音转写与校对

英文语音转中文文本，或中文文本转英文语音。

10. 文本标注——实体命名标注

实体命名，标注文本中的实体。如图 4-15 所示。

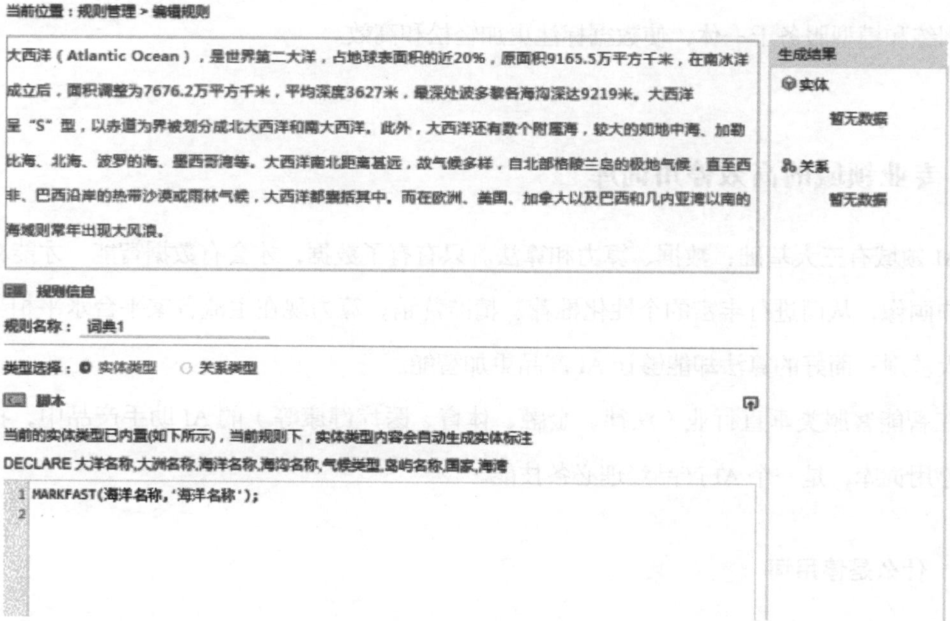

图 4-15 实体命名标注

11. 语音标注——客服语音标注

外呼机器人进行外呼记录语音标注呼叫成功或者失败，从而训练机器人的话术。

4.3.3 标注流程

1）需求确认：对标注任务需求确认，标注数据集准备完成，规范标注需求，指定标注模型。

2）人员筛选：确定标注人员及人员角色。

3）人员培训：针对不同角色培训标注规范和标注标准。

4）开始试标：先标注少量数据，试用标注数据，调整标注流程，使效率最优。

5）正式标注：完成整体标注任务，导出数据。

快速、高效地进行数据标注，是机器学习和深度学习的基础，现在一些标注工具通过深度学习和主动学习技术，通过自然语言处理模型来提高标注效率，集数据标注、数据管理、模型训练和模型服务于一体，使数据标注更加轻松和高效。

4.4 专业领域的高效停用词库

AI 领域有三大基础：数据、算力和算法。只有有了数据，才会有数据智能，才能精准描绘用户画像，从而进行丰富的个性化推荐、精准营销；算力现在主流各家平台水平相当，没有多大差别；而好的算法却能够让 AI 产品更加智能。

在智能客服类垂直行业（法律、金融、体育、医疗健康等）的 AI 助手产品中，打造自己的停用词库，是一个 AI 产品经理必备技能。

4.4.1 什么是停用词

停用词，即"电脑检索中的虚字、非检索用字"。在 SEO（Search Engine Optimization，搜索引擎优化）中，为节省存储空间和提高搜索效率，搜索引擎在索引页面或处理搜索请求时会自动忽略某些字或词，这些字或词即被称为 Stop Words（停用词）。

停用词一定程度上相当于过滤词（Filter Words），不过过滤词的范围更大，包含敏感信息的关键词都会被视为过滤词加以处理，停用词本身则没有这个限制。通常意义上，停用词（Stop Words）大致可分为如下两类：

1）使用十分广泛，甚至是过于频繁的单词。比如英文的"i""is""what"等，中文的"我""就"之类词几乎在每个文档里都会出现，查询这样的词，搜索引擎就难于缩小搜索范围提高搜索结果的准确性，无法保证能够给出真正相关的搜索结果，同时还会降低搜索的效率。因此，在实际的工作中，搜索引擎会忽略特定的常用词。因此如果用户在搜索时使用了太多的停用词，不仅可能无法得到非常精确的结果，而且可能得到大量毫不相关的搜索结果。

2）文本中出现频率很高，但实际意义又不大的词。这一类主要包括了语气助词、副词、介词、连词等，它们自身并无明确意义，只有将其放入一个完整的句子中才有一定作用。如常见的"的""在""和""接着"之类，比如："AI 产品经理总舵是 AI 产品经理的汇集地"这句话中的"是""的"就是两个停用词。

4.4.2 为什么要建停用词库

文本中如果大量使用停用词，容易对其中的有效信息造成噪声干扰，所以搜索引擎在运算之前都要对所索引的信息进行消除噪声的处理。在对话语料内容中适当地降低停用词出现的频率，可以有效地提高关键词密度，搭建专业领域的停用词库，对处理专业语料库、用户问题的意图识别和语义匹配的准确性会有很大提高。

4.4.3 如何搭建专业停用词库

1. 汇总通用停用词库

通用停用词库包括标点符号（：，。、？""等）、语气词（呵呵、呜呜、哈等）、指代词（我、你、各位等）、连接词（即使、即便、却、或等）、总结词（总的来说、再者说、何乐不为等）和英文词（yourself、yes、who 等）等。

现在网上有一些通用停用词库，例如百度停用词列表、四川大学机器智能实验室停用词库、哈工大停用词表等。但是每个领域有专业语言特色，特别是金融领域、医药领域和法律领域，如果能够加上专业停用词做补充，识别和匹配结果效果会更好。

2. 筛选行业专有停用词

以保险行业为例，首先通过网络搜集保险行业问答语料，如图 4-16 所示。

图 4-16　保险行业问答语料

将问答语料分别做分词处理，然后统计词频按数量排序，如图 4-17 所示。

序号	字词	出现次数	出现频率
1	，	1564	4.1318
2	险	1453	3.8385
3	保险	1388	3.6668
4	的	1108	2.9271
5	？	929	2.4542
6	买	724	1.9127
7	吗	613	1.6194
8	交	509	1.3447
9	了	437	1.1545
10	有	415	1.0963
11	强	390	1.0303
12	是	350	0.9246
13	和	340	0.8982
14	年	340	0.8982
15	我	332	0.8771
16	责任	291	0.7688
17	什么	290	0.7661
18	多少	268	0.708
19	岁	257	0.6789

图 4-17　保险行业问答语料词频统计

将该数据和通用停用词做去重后，人工筛选行业专有停用词。将筛选完成的专业专有停用词和通用停用词合并，就构成了保险行业的专有停用词库了。

4.5 先知——智能搜索联想

许多 AI 产品中都有在线智能交互问答或对话功能，如果可以在特定场景下进行智能搜索和联想的改造，那将能提高用户体验和产品工作的效率。那么应该怎么搭建对话机器人及重点输入的智能联想功能呢？

人机交互无非文字、语音、图像。现如今对话机器人越来越普及，各类智能音箱也如雨后春笋般上市，但图像识别最多的还是处于手势指令阶段。最超前的猜想是机器人能够和人"心有灵犀"，识别人的思维想法，能够"想我所想"，当然这个实现过程还很长。

例如药品名称：诺氟沙星、甲氧氯普胺、氢氧化铝、多潘立酮、硫酸沙丁胺醇、喷托维林等，字虽然不难写，但是用拼音打字要一个个打。这对于医生来说，每天要打上数百遍，就比较浪费时间了。2018 年 5 月 9 日下午，搜狗输入法正式推出医生版。这款输入法专为医务工作者打造，就是为了帮助广大医生群体实现高效输入而生，它拥有海量医疗词库，与医疗场景进行精准匹配，很大程度地提高了医生的输入效率。

搜狗输入法医生版具有"超级联想"功能，可以提供多个医疗专用名词，无论是专业医生还是护士、药剂师等医务工作人员，再复杂的专业词汇都能通过搜狗输入法一气呵成输入计算机。如图 4-18 所示，输入"zuoyang"后，候选词汇中就会出现"左氧氟沙星""左氧氟沙星注射液"等词，然后一键选择快速输入，节省很多选字时间。

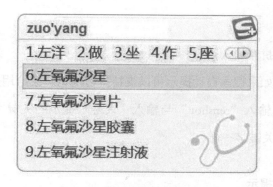

图 4-18　搜狗输入法医生版

4.5.1 需求分析

在一些行业，完全可以在特定场景下进行智能搜索和联想的改造。以保险产品为例，对于在人机对话型智能保险机器人中出现的频率是比较多的。应该怎么搭建对话机器人重点输入智能联想功能呢？其实对话型机器人的本质就是一个现代型的智能搜索引擎，要想变得更智能，必须建立更好的搜索结果语义相关性模型，更直接地给用户答案。

先说语义相关性，就是不论查询词是否包含在相应文档中，只要查询词与文档拥有语义相关性，就能将其找到。就是用户在搜索框里只是输入单个汉字、单词、拼音简写、拼音以及一段文字时系统自动给出用户更加准确的关键词，让用户可以快速地知道自己要搜索的主题。

为了让用户更快地输入自己想要了解的保险产品的相关问题，可以基于 SolrCloud 实现保险产品智能搜索联想模块。可以用一种基于 solr 前缀匹配，查询关键字智能提示（Suggestion）实现。

1. 支持前缀匹配原则

比如在搜索框中输入"国寿"，搜索框下面会以同方为前缀，展示"国寿祥泰终身寿险""国寿鸿宇两全保险（分红型）""国寿鸿友 B 款保障计划"等搜索词；输入"太平"，会提示"太平福运金生 B 款年金保险""太平福盈一生终身年金保险""太平康爱卫士老年防癌疾病保险"等搜索词。

2. 同时支持汉字、拼音输入

由于中文的特点，如果搜索自动提示可以支持拼音的话，会给用户带来更大的方便，免得切换输入法。比如，输入"renshou"与输入"人寿"提示的关键字一样，输入"taiping"与输入"太平"提示的关键字一样。

3. 支持大小写输入提示

比如，输入"e 生保"或者"E 生保"都能提示出"平安'e 生保'2017 版"。

4. 支持拼音缩写输入

对于较长关键字，为了提高输入效率，有必要提供拼音缩写输入。比如输入 "rs" 应该能提示出 "人寿" 相似的关键字，输入 "tp" 也一样能提示出 "太平" 关键字。

5. 基于用户的历史搜索行为，按照关键字热度进行排序

为了提供 suggest 关键字的准确度，最终查询结果，根据用户查询关键字的频率进行排序，如：输入 [太平，taiping，tp，] → ["太平福运金生 B 款年金保险 "（f1）" 太平福盈一生终身年金保险 "（f2）" 太平康爱卫士老年防癌疾病保险"（f3）…]，查询频率 f1 > f2 > f3。

4.5.2 解决方案

1. 关键字收集

当用户输入一个前缀时，当提示的候选词很多时，如何取舍，哪些展示在前面，哪些展示在后面？这就是一个搜索热度的问题。用户在使用对话框询问问题时，会输入大量的关键字，每一次输入就是对关键字的一次投票，关键字被输入的次数越多，它对应的查询就比较热门，所以需要把查询的关键字记录下来，并且统计出每个关键字的频率，方便提示结果按照频率排序。搜索引擎会通过日志文件，把用户每次检索使用的所有检索串，都记录下来，每个查询串的长度为 1 ~ 255B。

2. 汉字转拼音

用户输入的关键字可能是汉字、数字、英文、拼音、特殊字符等，由于需要实现拼音提示，我们需要把汉字转换成拼音，在 java 中可以考虑使用 pinyin4j 组件实现转换。

3. 拼音缩写提取

考虑到需要支持拼音缩写，汉字转换拼音的过程中，顺便提取出拼音缩写，如："taiping" → "tp"。

4. 技术方案：Trie 树 + TopK 算法

Trie 树即字典树，又称单词查找树或键树，是一种树形结构，是一种哈希树的变种。典型应用是用于统计和排序大量的字符串（但不仅限于字符串），所以 Trie 树经常被搜索引擎系统用于文本词频统计。Trie 树有 3 个基本性质：根节点不包含字符，除根节点外每一个节点都只包含一个字符；从根节点到某一节点，路径上经过的字符连接起来，为该节点对应的字符串；每个节点的所有子节点包含的字符都不相同。

它的优点是：最大限度地减少无谓的字符串比较，查询效率比哈希表（HashTable）高。Trie 树是一颗存储多个字符串的树，相邻节点间的边代表一个字符，这样树的每条分支代表一则子串，而树的叶节点则代表完整的字符串。和普通树不同的地方是，相同的字符串前缀共享同一条分支。

例如：给出一组单词 inn、int、ate、age、adv、ant，如图 4-19 所示。

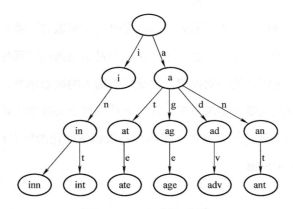

图 4-19　Trie 树示意图

从图 4-19 可知，当用户输入前缀 i 的时候，搜索框可能会展示以 i 为前缀的"in""inn""int"等关键词，再当用户输入前缀 a 的时候，搜索框里面可能会提示以 a 为前缀的"ate"等关键词。实现搜索引擎智能提示的第一个步骤便清晰了，即用 trie 树存储大量字符串，当前缀固定时，存储相对比较"热"的后缀。

TopK 算法用于解决统计热词的问题。解决 TopK 问题主要有两种策略：hashMap 统计 + 排序和堆排序。

以 hashMap 统计为例,先对这批海量数据预处理。具体方法是:维护一个 Key 为 Query 字串,Value 为该 Query 出现次数的 HashTable,即 hash_map(Query,Value),每次读取一个 Query,如果该字串不在表(Table)中,那么加入该字串,并且将 Value 设为 1;如果该字串在表(Table)中,那么将该字串的计数加一即可,最终在 O(N)的时间复杂度内用哈希表完成了统计。

也可以为关键字建立一个索引集合,利用 solr 前缀查询实现。solr 中的 copyField 能很好地解决同时索引多个字段(汉字、pinyin、abbre)的需求,且 field 的 multiValued 属性设置为 true 时,能解决同一个关键字的多音字组合问题,效果如图 4-20 所示。

图 4-20　保险行业机器人智能联想搜索效果图

4.6　对话的艺术

对话型机器人和其他的智能产品不同,使用的过程中,用户可能会将它当成真人来看待,所以对话型机器人在与人沟通的时候,要尽可能地与人的思维方式接近。

对话是沟通的有效途径,会说话,能使沟通效率事半功倍。说话也要讲求技巧,正如有些"鸡汤"文章写道:急事,慢慢地说;小事,幽默地说;没把握的事,谨慎地说;没发生的事，不要胡说；做不到的事，别乱说；伤害人的事，不能说；伤心的事，不要见人就说；别人的事，小心地说；自己的事，听别人怎么说；尊长的事，多听少说；夫妻的事，商量着说；孩子们的事，开导着说。

这是人于人沟通的说话的艺术，那么人机沟通又该怎么设计呢？

4.6.1 删繁就简三秋树

对话型机器人讲话不能啰嗦。尽管一般文字越多，表达的信息越准确，但那是说明书，是要用户反复来看的。对话型机器人说的话如果用户不明白，可以直接继续追问。所以对话型机器人设计的第一个思路就是：表达应简单明了。

以保险行业机器人为例：

"我是你的保险管家智小保，可以帮你查询你的保单，筛选最适合你的保险，为你提供保险名词解释，有任何保险相关问题你可以随时问我哦！"

引导语是机器人和用户第一次见面时，打招呼说的话，话中需要包含三类必要信息：自我介绍，功能介绍，操作介绍。笔者认为，上面的那段引导语就可以进一步优化：

"Hi，我是智小保，可以选保险，存保单，解答一切保险问题，快来试试吧"

缩减和组合之后，可以减少不必要信息的冗余，对机器人的作用和功能有了基本了解，直接进入体验环节，减少用户流失。

4.6.2 知我心者知我求

对话型机器人对用户问题的回答，不只是回答用户表面信息，更要通过表面信息去理解用户的深层次需求，给出最舒心的答案。

例如：

Q："我要去东来顺。"

A1："找到三个东来顺，您要去哪里？"

A2："找到三个东来顺，您要去第几个？"

A1 回复不如 A2，A2 能够让用户准确地选出确定的答案，对于机器人来说，收到的信息是确定的，避免了错误率。不过再多想一步，用户为什么选择这一家，选择这一家的依据又是什么呢？

可以如下回复：

A3："找到三家东来顺，您是要去交通最快的还是评价最高的？"

这样一来，就可以通过一个预设的维度，帮助用户做出一个简单的分类选择。而不仅仅是数字排序。现在的导航系统都会有一个推荐线路，帮助用户做出一个最优选择，更加减少了用户的思考。

可以如下回复：

A4："找到三家东来顺，建议去 ××× 店，该店评分 × 分，距离 × 公里。"

4.6.3 老妪能解

唐代大诗人白居易写诗，都念给老年妇女听，不懂就改，力求做到她们能懂，这就是老妪能解的典故。同理，对话型机器人不同于书面文章，必须要以日常口语为标准，才能做到沟通顺畅灵活。

例如：

A："好的""没问题"。

B："好的好的""好的没问题""没问题哦，好的"。

B 的回答表达更积极的同意态度，虽然语法上有点问题，但表达上没问题。但是这样听起来，这个机器人才是活生生的，不是一个冷冰冰的机器。

4.6.4 一言一语总关情

对话就是为了要传达信息，信息可不可以被量化？怎样量化？这就引出了"信息熵"。

早在 1948 年，香农（C.E.Shannon）在他著名的《通信的数学理论》论文中指出："信息是用来消除随机不确定性的东西"。并提出了"信息熵"的概念（借用了热力学中熵的概念），来解决信息的度量问题。

根据香农给出的信息熵公式，对于任意一个随机变量 X，它的信息熵定义如下，单位为比特（bit）：

$$H(x) = E[I(x_i)] = E[\log(2, 1/P(x_i))] = -\sum_{i=1}^{n} P(x_i)\log(2, P(x_i))$$

信息熵是一个随机变量信息量的数学期望。日常生活中，我们经常说某人说话言简意赅，信息量却很大，这是信息熵高的表现；某些人口若悬河，但是废话连篇，没有太多信息量，这就是信息熵低的表现。对于对话型机器人，相同数量的文字，如何才能传递更多的信息，即提高信息熵，一个方法就是增加另外一个维度：情绪。

例如：

A：请您按照以上三个步骤完成操作，可以输出您的报告。

B：只要按照这三步，就可拿到你的报告喽。

A 和 B 虽然表达了同样的实用信息，但是 B 语句，带有情绪，"只要""就可以"告诉用户这件事很简单，"喽"语气词，表明会话氛围欢快友好，利于用户放松。B 比 A 的字符更少，却表达出更高的信息熵。

4.6.5 欲说莫休

对于多轮对话的验证结果，其中有一个重要指标就是平均对话轮数。以聊天机器人小冰为例：尽管它只会聊天，偶尔唱歌，还能写诗，目前还做不了什么"正事"，微软仍对它非常满意。因为它取得了一个其他智能语音助理和聊天机器人难以取得的成就：在平均对话轮数（Conversations Per Session，CPS）这个指标上达到了 23，远超 Siri、Alexa 甚至微软自家的另一款机器人小娜。

那么如何提高对话轮数呢？开放域多轮对话中每一轮回复的选择，不仅需要考虑是否能够有效回复当前输入，更需要考虑是否有利于对话过程的持续进行。

例如以下两组对话：

第一组：

A：A 是不是很好看？

B：太可爱了

第二组：

A：A 是不是很好看？

B：还是 B 好看一些。

第二组给出了不同意见，使得话题有了讨论空间。增加了继续对聊的可能性，再比如：

第一组：

A：你喜欢看什么电影？

B：我喜欢看《让子弹飞》。

第二组：

A：你喜欢看什么电影？

B：《让子弹飞》我看过好多遍，你呢？

看第二组可以知道，让机器人学会反问，可以在一个话题上进行深入探讨，使对话持续下去。

说话是一门语言的艺术，让机器人能说话简单，会说话难，既要说得好听，还要说得有用，既要"花言巧语"，还要能猜透用户的心。

4.7 AI 产品经理的"极致理论"和"数据信仰"

1. AI 产品经理的"极致理论"

AI 产品已经进入精细化设计阶段，因为对话型机器人产品特性的原因，输入输出的极度简单，也就造成了处理过程的极度复杂。一个对话型机器人系统包含了近二十项技术模块，每个模块都会影响最终输出的结果，只有把颗粒度分得足够细小，在每一个颗粒度上做到"好一点"，才能使最终结果有明显提升。

大家都听过木桶理论，说是一个木桶，能装多少水，取决于拼凑这个木桶所有的木板最短的那块。然而在 AI 产品已经普及（例如智能音箱），避免出现短板，已经不是最大的难题了。

最大的难题是如何提高每一块板的高度。这时候就需要用到极致思维，怎么在每一块板子上下功夫，把每一块板子都做到极致。举个例子：小米公司的产品能够迅速占领市场，是因为小米公司优化了整个供应链系统，才有了物美价廉的产品。

2. AI 产品经理要有"数据信仰"

AI 产品经理要坚信，未来的 AI 技术及 AI 产品的底层智能是数据智能，数据是一切运算及逻辑的本质和基础，具备"数据信仰"才能做好 AI 产品。数据是基础，算法是路径，具备了足够"干净"的数据和合适的算法，才会有更准确的结果。

这里说的算法不仅指工程师写出来的算法，那只是狭义的算法，而是指是广义的算法，甚至包括 AI 产品经理做事的前后顺序及做事方法，一切选择都会对结果造成影响，一切影响都会左右最终结果。

AI 产品经理在工作中要有"数据信仰"，多做数据判断，少做主观判断，这样最终结果才不会和预期有太大偏差。AI 产品的迭代方向，不是 AI 产品经理拍脑门想出来的，也不是通过客服反映出来的，客服反映的只是愿意表达的那部分用户的需求，而不是全部用户的需求，就像现在的一些网络论坛，看帖的用户数是发帖用户数的 10 倍以上，所有帖子中热帖数量只占所有帖子数量的 1%。也就是说论坛其实是 1000 个人在听 1 个人讲话，甚至更低，而这 1 个人根本不能代表 1000 个人的需求。

"数据信仰"就是要去看数据的本质，透过数据本质才能找到更好的算法。

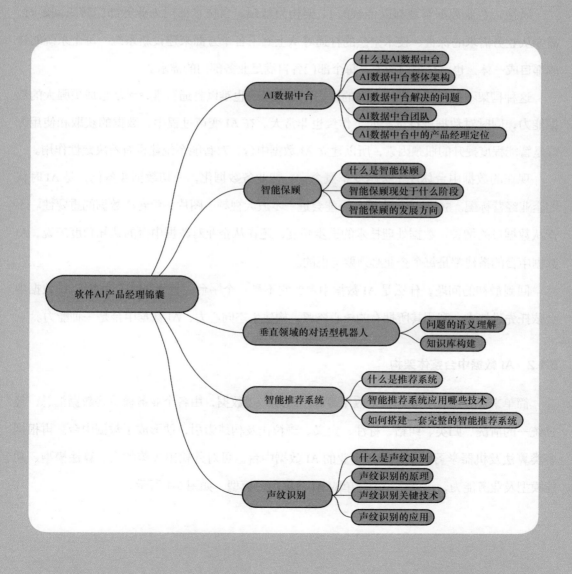

5.1 AI 产品的中枢神经——AI 数据中台

AI 数据中台一般简称为 AI 中台，是构建大规模智能服务的基础设施，对算法模型提供了分步构建和全生命周期管理的服务，让业务不断下沉为一个个算法模型，以达到复用、组合、创新、规模化构建智能服务的目的。

5.1.1 什么是 AI 数据中台

以往，企业数据管理都以传统的 IT 架构为基础。当技术部门为业务部门解决问题时，需要从业务需求的探查、技术壁垒的打通等从上到下各个方面来建设新系统。每个系统的建成都自成一体，也就是烟筒构架，每个部门各自满足业务部门的需求。

这种构架不仅耗费各部门大量的精力，各个系统也难以打通管理，无法形成更强大的数据能力，同时对数据进行维护的工作量也非常大。在 AI 变革过程中，数据的获取和使用无疑是智能程度提升的瓶颈因素，所以建立 AI 数据中台，对智能系统建设有着决定性作用。

现在的数据中台体现了架构变革概念，一切业务数据化，一切数据业务化，是 AI 时代的企业经营标配。5G 技术的发展，可能会进一步放大视频、图片、声音类数据的重要性。不管从数据量的增长、数据处理技术的进步角度，还在从企业对数据中台的认知角度来说，AI 数据中台的搭建都是每个企业必须要考虑的。

回到最初的问题，什么是 AI 数据中台？它不是一个平台，也不是一个系统，AI 数据中台依托先进技术，利用其所拥有的核心资源，构建生态向心力，AI 数据中台是一种能力。

5.1.2 AI 数据中台整体架构

简单来说，一个企业的各个应用源源不断地产生数据，由各个业务模块将数据汇总，经过统一的清洗、归类、纠错、标注、定义、颗粒化及构建索引，便形成了数据中台。再根据各类算法及机器学习，从而形成企业的 AI 数据中台。可对外输出决策能力、算法模型、功能模型及业务能力，这就是一个简单的 AI 数据中台模型，如图 5-1 所示。

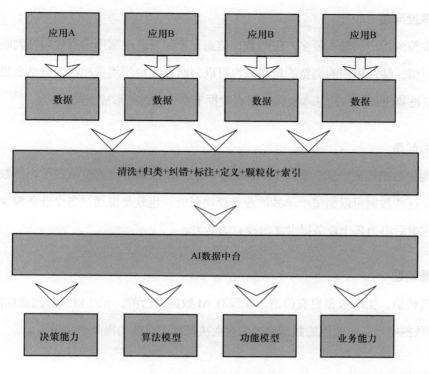

图 5-1　AI 数据中台模型

5.1.3　AI 数据中台解决的问题

1. 效率问题

AI 本质上是要提高效率。对于企业而言，可以解决因为数据割裂、数据分散存储而导致的数据获取效率低、数据使用壁垒等问题，通过数据中台的搭建，能提高数据使用效率。

2. 协作问题

各应用之间的协作在大企业中很常见。协作的前提是能够互通有无，但是如果不知道对方有哪些可以帮到自己，沟通过程中就会出现需求不明确的现象，建立 AI 数据中台就是为了打破这层窗户纸，协作更加顺畅。

3. 关联度问题

一个完整的用户画像需要多方位的数据信息，例如可以根据用户点餐习惯判断该用户的日常饮食习惯，结合用户的浏览的租房内容可以判断该用户的消费档次，再结合投递职位的薪资，可以推算出该用户的基本收入，只有数据丰富才有可能形成智能。

4. 能力问题

简单地把数据堆到一起，那不叫 AI 数据中台。AI 数据中台的价值在于，做数据挖掘后你会发现，这些数据可以为每个单独的业务模块赋能，也就是说通过各个业务模块提供的数据，整理挖掘后再为各个业务提供之前没有的能力。

5. 时效问题

数据有价值，实时数据更有价值，在没有 AI 数据中台前，无法做到数据通信的时效性，当有了 AI 数据中台后时效性的数据会成为企业决策和产品能力提升的关键因素。

5.1.4 AI 数据中台团队

搭建 AI 数据中台需要有一个独立的团队，能够对所有业务的数据做统一梳理、归纳。其中必不可缺的角色包括：

1）数据产品经理：数据产品经理这个职位其实很跨界，需要懂程序，做数据收集及清洗；需要懂产品，了解内外部用户需求和理解市场；需要懂数据，用数据的方式证明、证伪及发现问题。数据产品经理既要完成数据体系设计，让原本无序或庞杂的数据变得"规矩"，又要根据业务场景的变化，不断调整项目内容，推进项目进度。所以数据产品经理是搭建 AI 数据中台的整体把控者。

2）业务专家团队：了解业务、梳理业务场景，确定数据资产与业务场景的一一对应关系，确定业务场景的优先级，为数据中台的建设提供依据，使产品符合逻辑。

3）数据工程团队：建设和维护数据中台，包括 ETL（ Extract-Transform-Load ）、数据采集，以及保证数据中台性能和稳定性，利用中台的工具采集、存储、加工、处理数据。

4）数据分析团队：分析数据价值、探索场景，生产更多的数据服务。

5）数据治理团队：梳理数据标准、构件数据安全和隐私规范，利用开源去中心化的数据治理工具来围绕业务场景解决数据质量和安全问题。就类似每个程序员要配备两个测试员一样，数据治理同样重要。

6）智能算法团队：为数据分析、业务探索提供智能和算法工具，实现中台的 AI 化。

5.1.5 AI 数据中台中的产品经理定位

1. 数据都是有用的

凡是用户留下的数据，包括停留时长、触达页面，页面热区等，都是有用的，尽可能地保留用户所有的数据痕迹。在不同的场景下数据的需求维度不一样，不同的数据组合有助于构建不同的算法模型。

2. 培养大数据思维

数据产品经理必须具备大数据思维，因为你要处理的数据量级都是超大的，如果处理的文本数据量是 1 亿条，那么如果有 5000 条存在错误，要不要忽略？从比例上看，错误率是0.005%，这是可以忽略的，但是 5000 的量级在传统的产品的数据思维中一般是不可忽略的。数据是相对的，培养大数据思维会少做很多无用功。

3. 不要相信知觉，相信结果

在处理数据中不要单凭自己看到的一部分数据量而判断所有的数据集，不要感觉某些数据是不是有用，某些数据是不是需要标注，而是要不断地去测试调优，要相信最终的结果。

4. 数据隐私问题

如果系统自动推送给用户一个感兴趣的广告产品，有的人会理解很贴心：正好符合我的需求；很多人会觉得吓一跳：它怎么知道我喜欢这个？要想获得更好的体验必须牺牲个人隐私，这到底是不是一个必要条件？个人感觉这个问题必将被技术解决，任何技术产品的问题最终会被其他技术解决。现阶段的产品经理只有做到依靠现有的脱敏等技术手段及道德底线来维护现有用户的数据隐私问题。

AI 发展必需依靠算法、数据和算力三方面的组合，才能有更好的效果，现阶段算力需要硬件的突破，算法的进步需要更多的算法工程师的努力才能有突破。能否高效地利用数据，是当前各大公司的差距所在，AI 数据中台无疑是解决这个问题的最优解。率先搭建并持续优化，相信可以帮助企业在智能化方向上有非常大的进步。

5.2　金融变革者——智能保顾

5.2.1　什么是智能保顾

智能保顾，即智能保险顾问，能自主为用户提供风险评测、保险知识问答、保险需求分析、保险产品对比和推荐等服务的智能终端，是用户的私人保险顾问，任何保险问题都可以去问它。

5.2.2　智能保顾现处于什么阶段

在国内，智能保顾概念虽然火热，但整体发展尚处于初级阶段。回望过去，2017 年可以说是智能保顾的元年，各种"保保""精灵"层出不穷，市场上出现的智能保顾包括保险需求分析、保险产品对比和推荐等服务。

但是，真正体验过的用户就会发现，目前市场上的几款所谓"智能保顾"产品功能不够齐全，尚未真正实现"智能"，为什么呢？

例如，某智能保顾产品根据用户的年龄、家庭、资产状况、车辆类型等因素帮助用户选择车险产品。拆解其实现原理，保险推荐机器人一般会询问以下 10 个问题，如图 5-2 所示。

问题	选项数
给谁买保险	4
性别	2
居住地	全国任何一个城市
是否结婚	2
有无社保	2
家庭成员	4（多选）
生活习惯	4（多选）
是否经常出差	2
家庭收入	多为4～5个区间
个人收入	多为4～5个区间

图 5-2 AI 保险推荐机器人询问问题列表

当用户答完这 10 个问题后，机器人会推出一组保险产品。包含重疾、医疗和意外等险种。这就是典型的策略树算法，通过这些数据可以通过计算得出 1224 万种可能。

查询保险行业协会信息和相关网站可知，现有在售保险产品有 7000 多个。每个产品拆解后的维度包括性别、年龄、保费、保额等。这就会造成同样的条件会筛选出多个产品。所以这种推荐根本算不上是智能推荐，只不过是条件筛选。

那为什么不用前面介绍过的智能推荐技术来实现保险产品推荐呢？

智能推荐技术在资讯领域和电商领域应用广泛。早期的门户网站，有足够专业的编辑给用户提供新闻和资讯，这个时候编辑不必考虑每个人的兴趣爱好，只需要了解大多数人的兴趣爱好就好，每个人打开的资讯是一样的。后来自媒体兴起，每个人可以根据自己的爱好去关注和订阅自己喜欢的自媒体号，这样每个人打开应用界面看到的资讯就不一样了，但是这就造成了用户只能看到自己关注了的咨询信息，没有关注的就看不到了。后来随着不同算法模型的深度应用，实现了千人千面，每个人看到的都是不一样的内容，而且是动态变化的，这时候才能真正称得上是智能推荐。可见，智能推荐依据的是用户的数据：

1）用户的基础注册信息、背景信息：例如用户出生地、年龄、性别、星座、职业等。这些信息一般从用户注册信息中获取。

2）用户行为反馈：包括显示的反馈和隐藏的反馈，显示的反馈包括用户的评分、点赞等操作；隐藏的反馈包括用户的浏览行为，例如在关键词搜索推荐上搜过哪些词，购物时点击了哪些页面等。

3）用户交互偏好：例如用户喜欢使用哪些入口、喜欢哪些操作，以及从这些操作中分析出来的偏好，比如在地图类软件上根据用户行为反馈分析出来的用户对美食的偏好：更喜欢火锅、粤菜，还是快餐。

4）用户上下文信息：这些信息有些是分析出来的，例如在基于位置的服务（Location Based Service，LBS）中分析出来的用户的家在哪，公司在哪，经常活动的商圈，经常使用的路线等。

而通过研究发现，在买保险这个领域有以下几点是和推荐算法逻辑有冲突的：

1）没有用户的历史数据：用户的保险需求是有排他性的——买过一个重疾险后不需要再买更多的重疾险了——根据用户之前买的保险产品做推荐是行不通的。不能像资讯用户一样，会不断有读资讯的需求，可以根据用户以往的阅读习惯作为推荐标准。

2）推荐完成后没有实时反馈：保险是一个非享用消费产品，购买保险后如果不出险，用户是没有任何体验的。不能根据用户购买后反馈使用体验来作为推荐标准，所以不能像视频网站根据用户收看时长判定该用户对该内容的满意程度来做推荐。

3）用户端获取到的数据不能作为推荐条件：产品端没有足够多的产品可供推荐，就像是资讯类网站，如果文章库可供用户选择的数量本身就很少，即使推荐算法再好也无法推荐出用户满意的文章。

综上，所以说现在的智能保顾在做的保险智能推荐只能说是条件筛选，不能算是智能推荐，或者说现如今的保险市场不适用于保险推荐。

5.2.3 智能保顾的发展方向

智能保顾的发展方向是什么？产品形态和产品属性决定了它的发展方向，保险本质上是风险转移和杠杆效应。

因为当前技术限制，无法做到每个人的风险的精准计算，保险公司产品基本都是标准化产品，不同人群适用同一种规则。但是现在随着科技发展，根据用户属性和各种行为习惯的记录，可以较为精准地计算出每个人的风险状况，从而推出不同的产品，每个人和每个人的保险杠杆应该是不一样的，也就是说应该是人找产品的逻辑。这也许是以后智能保顾的发展方向。

随着各类技术的成熟，好多行业就想把该技术应用到自己的领域，但是每个行业的底层逻辑是不一样的，每个技术的运行方法也是有必要条件的，在没有想清楚的情况下进行了技术的错配，就会做很多无用功。

5.3 让垂直领域对话型机器人更好地和你交流

如何设计一款垂直领域对话型机器人，首先要了解对话型机器人要具备什么能力，主要有两方面：一是听得懂，即机器人要能够理解用户的语言——也就是自然语言处理能力；二是答得出，在听懂的基础上，能够给出最准确的答案，这就需要有一个庞大的语料库做储备，也就是答案储备。

其次，作为一款垂直领域对话型机器人，在设计上要解决两个问题：一是可以预测用户问的问题方向；二是语料数据要做得非常精细，做到问不"漏"，只有这样才能提升用户体验。

对话型机器人的模块架构如图 5-3 所示。

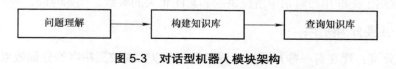

图 5-3 对话型机器人模块架构

5.3.1 问题的语义理解

问题的语义理解过程包括两个子任务：意图识别和实体抽取。

1. 意图识别

意图识别用来识别用户所提问题的意图，即用户希望做一件什么事。包含如下步骤：

1）意图分类：做意图识别第一步是要做意图分类，根据所在领域，搜集归纳数个意图，并为意图命名。

2）数据准备：意图识别离不开数据，搜索领域的意图识别用到的数据通常就是用户的搜索日志了。一般一条搜索日志记录会包括"时间""查询串""URL 记录""在结果中的位置"等信息。对话领域则需要批量的意图语料。

3）特征提取：特征提取是为了方便进行分类计算，每一个特征都具备一定的权重，并标明了它的权值。通过特征的权值，就能够确定句子属于哪一个类别。比如可以将每一个字作为一个特征，1/（字出现的总次数）作为权值，并构建字典。

4）模型准备：模型准备需要的是建立分类模型。通过给每一个特征赋予一个得分，然后将句子中每一个字的特征得分进行相加，然后就可以得到句子在某一个类别下特征的总得分，从而对句子进行分类。

5）训练模型：在完成特征任务后，接下来就是选择合适的分类器进行训练了，因为意图识别可以看作一个多分类任务，所以通常可以选择 SVM、决策树等算法来训练分类器。

完成以上工作后，一个意图识别分类模型就基本建立好了，接下来就是对已识别语句的实体进行抽取。

2. 实体抽取

实体抽取用于提取用户对话中所提供的和意图相关的参数，例如时间、地点等。要想实现实体抽取，主要分为两步：

1）系统分词：现在有一些开源的分词工具，可以实现较高精度的分词效果，如 jieba 分词，它的模式就是把句子中所有的可以成词的词语都扫描出来，速度非常快。

2）信息抽取：得到了切分好的短词信息后，将该信息输入到语义识别模型中就可以实现机器人"听得懂"的能力了。例如以下保险相关问题的例子：

例 1：推荐一款小孩的医疗险给我？——意图：保险推荐；保险类型实体：医疗险；被保人实体：小孩。

例 2：e 生保的产品特色是什么？——意图：保险产品了解；了解维度实体：产品特色；产品实体：e 生保。

可见，垂直领域的对话型机器人可以根据该领域所涉及的所有问题进行聚合，梳理若干意图，根据意图拆分实体，意图越具象，实体颗粒度越细，回答越准确。

5.3.2 知识库构建

知识库分为对话语料库和对话人属性库，对话语料库由多个对话记录构成，每个记录包含一条对话、该对话的语境信息、该对话的多个回复话语及每一回复话语的限制条件集合。

对话人属性库由多个对话人属性记录构成，每个记录包含对话人的静态属性和动态属性。对话型机器人都含有一个对话知识库以及对话控制模块，聊天知识库就像对话机器人的大脑，存储着回复用户输入的对话知识，而对话控制模块则用于控制对话进程。

对于垂直领域的对话型机器人，知识库搭建则更为垂直。一般分为以下几个步骤。

1. 数据获取

数据获取的途径主要有以下三种：

1）人工维护录入数据：主要涵盖非标性答案与主观性。

2）第三方开放平台接口数据：主要涵盖客观答案和数值结果答案，比如金融股票行业对于股票实时信息有相应的 API 接口。

3）垂直爬虫爬取数据：所谓垂直爬虫，可以认为是针对某一领域或行业的爬虫。网上的数据毕竟是错综复杂的，但用户所需获取的信息是需要有针对性的。

2. 数据清洗

通过网络获取的数据往往是杂乱无章的，带有很多噪声，无法直接使用，必须经过清洗后才能使用。清洗可以也分为三个方向：

1）文本挖掘：从海量文本中提取出有用的信息。

2）协同过滤：协同过滤是利用"集体智慧"的一个典型方法——也就是说的少数服从多数。对数据中权重大的做优先级排序，类似今日头条的推荐系统。

3）深度学习：目前深度学习做对话系统，主流的核心算法是 seq2seq，除此之外还有很多优化算法，如使用 beam search 来解决前 k 个字符概率乘积最大、考虑低频回复的 MMI、兼顾问题前后字符的信息的 attention mechanism、解决连续多轮问答的 HRED，同时使用 reinforcement learning 也能在一定程度上解决多轮问题。

总的来说，这些优秀的算法在一定程度上确实解决了问题，不过归根结底还是得有合适的数据（如多轮问答数据）才能测试、评估、改进。

3. 搭建知识库

知识库的类型有结构化和非结构化之分，非结构化数据库的使用涉及复杂的数据分析、挖掘技术，在实现的效果和性能等方面都很难满足对话型机器人的要求，因此通常采用结构化的知识库。

对于一个机器人对话系统，用户说一句话，语音转成文字之后，根据文字的分词、句法、语义分析结果，去对应的语言库中，寻求并生成最合理的应答。以保险行业为例，需要搭建如下知识库。通用知识库：所有保险名称及专属名称解释；保险产品知识库：所有保险产品，及相关维度信息；保险产品推荐逻辑库：每款保险产品的适用地区、人群等相关维度信息；保险公司库：所有保险公司相关信息；核保知识库：针对所有情况的核保信息等。

在完成了上述工作后，一个可以理解人类语言的垂直领域对话型机器人就可以为用户服务了。但是这仅仅是可以服务，具体服务效果还需后期的验证，对于对话型机器人产品，其实这只是完成了 30% 工作，后续的标注、纠偏、训练也是重中之重。

5.4 资讯革命第一枪——智能推荐系统

5.4.1 什么是推荐系统

为什么越来越多产品需要做推荐系统？主要有以下两方面的原因：

1. 信息过载

互联网上每天都在产生海量的信息，用户想要迅速和准确地找到他们感兴趣的内容或商品越来越困难。如果用户的目标明确，可以使用搜索（其实搜索也是有关键字的推荐、推荐是无关键字的搜索），但很多时候用户是没有明确目标的。这时候如果产品能够高效匹配用户感兴趣的内容或商品，就能提高用户体验和黏性，获取更多的商业利益。

2. 长尾效应

绝大多数用户的需求往往是关注主流内容和商品，而忽略相对冷门的大量"长尾"信息，导致很多优秀的内容或商品没有机会被用户发现和关注。如果大量长尾信息无法获取到流量，信息生产者就会离开平台，影响平台生态的健康发展。

在信息过载的时代，推荐系统的任务就是联系用户和信息，帮助用户发现对自己有价值的信息，同时让信息能够展现在对它感兴趣的用户面前，从而实现信息消费者和信息生产者的双赢。推荐系统的运用领域有：电影和视频推荐、音乐推荐、图书推荐、电子商务、邮件、地理位置、广告、社交等。下面是与推荐系统相关的一些重要术语。

1）物品 / 文档：这些是系统推荐的实体，如电影、视频和歌曲等。

2）查询 / 上下文：系统利用一些信息来推荐上述物品，这些信息构成了查询信息。查询信息主要包括：用户信息，可能包括用户 ID 或用户先前交互过的数据信息；上下文信息，如用户设备、用户位置等。

3）嵌入：嵌入是将分类特征表示为连续值特征的一种方法。换句话说，嵌入是将高维向量转换到叫做嵌入空间的低维空间。在这种情况下，要推荐的查询或物品必须映射到嵌入空间。很多推荐系统依赖于学习查询和物品的适当嵌入表征。

一个完整的推荐系统通常由以下部分组成：用户端前台展示、推荐算法引擎和后台日志系统。其中推荐算法引擎为核心，它一般又可以分为基础层、推荐（召回）层和排序层。基础层为召回层提供特征，召回层为排序层提供候选集，排序层输出排序后的推荐结果。比较通用的推荐系统架构如图 5-4 所示。

5.4.2　推荐引擎的分类

推荐引擎可以根据很多指标进行分类，比如根据目标用户进行区分，根据这个指标可以分为基于大众行为的推荐引擎和个性化推荐引擎。

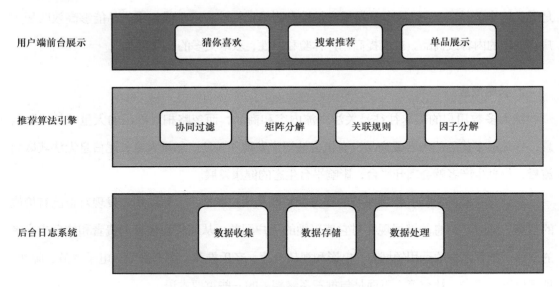

图 5-4　通用的推荐系统架构

基于大众行为的推荐引擎，对每个用户都给出同样的推荐，这些推荐可以是静态的，由系统管理员人工设定，或者基于系统所有用户的反馈统计，计算出的当下比较流行的物品。

个性化推荐引擎，对不同的用户，根据他们的口味和喜好给出更加精确的推荐，系统需要了解需推荐内容和用户特质，或者基于社会化网络，通过找到与当前用户相同喜好的用户，实现推荐。

5.4.3　推荐系统中常用的算法

1. 基于内容的推荐

基于内容的推荐（Content-based Recommendation）是信息过滤技术的延续与发展，它是建立在项目的内容信息上作出的，而不需要依据用户对项目的评价意见，更多地需要用机器学习的方法从关于内容的特征描述的事例中得到用户的兴趣资料。在基于内容的推荐系统中，项目或对象是通过相关的特征的属性来定义的，系统基于用户评价对象的特征，学习用户的兴趣，考察用户资料与待预测项目的匹配程度。用户的资料模型取决于所用的学习方法，常用的有决策树、神经网络和基于向量的表示方法等。基于内容的用户资料主要是用户的历史数据，用户资料模型可能随着用户的偏好改变而发生变化。

2. 协同过滤推荐

协同过滤推荐（Collaborative Filtering Recommendation）是推荐系统中应用最早和最为成功的技术之一。它一般采用 K 最近邻算法，利用用户的历史喜好信息计算用户之间的"距离"，然后利用目标用户的最近邻居用户对商品评价的加权评价值来预测目标用户对特定商品的喜好程度，系统从而根据这一喜好程度来对目标用户进行推荐。协同过滤推荐的最大优点是对推荐对象没有特殊的要求，能处理非结构化的复杂对象，如音乐、电影。

3. 基于关联规则的推荐

基于关联规则的推荐（Association Rule-based Recommendation）是以关联规则为基础，把已购商品作为规则头，规则体为推荐对象。关联规则挖掘可以发现不同商品在销售过程中的相关性，在零售业中已经得到了成功的应用。管理规则就是在一个交易数据库中统计购买了商品集 X 的交易中有多大比例的交易同时购买了商品集 Y，其直观的意义就是用户在购买某些商品的时候有多大倾向去购买另外一些商品，比如很多人购买牛奶的同时会购买面包。

4. 基于效用的推荐

基于效用的推荐（Utility-based Recommendation）是建立在对用户使用项目的效用情况上计算的，其核心问题是如何为每一个用户去创建一个效用函数，因此，用户资料模型很大程度上是由系统所采用的效用函数决定的。基于效用推荐的好处是它能把非产品的属性，如提供商的可靠性（Vendor Reliability）和产品的可得性（Product Availability）等考虑到效用计算中。

5. 基于知识的推荐

基于知识的推荐（Knowledge-based Recommendation）在某种程度上可以看成是一种推理（Inference）技术，它不是建立在用户需要和偏好基础上推荐的。基于知识的方法因它们所用的功能知识不同而有明显区别。效用知识（Functional Knowledge）是一种关于一个项目如何满足某一特定用户的知识，因此能解释需要和推荐的关系，所以用户资料可以是任何能支持推理的知识结构，它可以是用户已经规范化的查询，也可以是一个更详细的用户需要的表示。

6. 组合推荐

由于各种推荐方法都有优缺点，所以在实际产品设计中，组合推荐（Hybrid Recommendation）经常被采用。研究和应用最多的是基于内容的推荐和协同过滤推荐的组合。最简单的做法就是分别用基于内容的方法和协同过滤推荐方法去产生一个推荐预测结果，然后用某方法组合其结果。尽管从理论上有很多种推荐组合方法，但在某一具体问题中并不见得都有效，组合推荐一个最重要原则就是通过组合后要能避免或弥补各自推荐技术的弱点。

5.4.4 如何评价一个推荐系统

一个推荐系统往往存在 3 个参与方：用户、物品提供者、提供推荐系统的产品。

从用户角度说，好的推荐系统不仅仅能够准确预测用户的行为，而且能够扩展用户的视野，帮助用户发现那些他们感兴趣，但却不那么容易发现的东西。

从物品提供者角度说，好的推荐系统，能够帮助他们将那些被埋没在长尾中的好东西，介绍给可能会对他们感兴趣的用户。

好的推荐系统是一箭双雕的，能同时帮助用户和物品提供方解决问题。

作为推荐系统的产品经理，除了主观去评估推荐系统质量，那么还有哪些客观指标可以评估一个推荐系统的质量呢？

1. 用户满意度

用户作为推荐系统的重要参与者，其满意度是评测推荐系统的重要指标，通常通过用户调查和用户在线行为分析获得。

1）用户调查：主要是通过问卷的形式进行，用户对推荐系统的满意度往往分为不同的层次。

比如对猎头推荐职位的调研，问卷中有个问题是：请问下面哪句话最能描述你看到推荐结果后的感受？

选项 1：推荐的简历都是我非常想看的；

选项 2：推荐的简历很多我都会看，确实符合我兴趣的不错简历；

选项 3：推荐的简历和我负责的领域相关，但是不是我当前想找的候选人；

选项 4：不知道为什么会推荐这些简历，都不是我感兴趣的。

调查问卷需要从不同的侧面询问用户对结果的不同感受。

如果只是问用户是否满意，用户可能心里会认为大体满意，但是对某个方面还是有点不满意，因而会很难回答这个问题，即使回答了，在统计分析结果的时候也会不知所措。

2）在线行为分析：也就是用常说的用户点击率、停留时间和转化率等指标来度量。

当我们闲来无事，想逛逛网上商城的时候，首页会推荐一个商品列表，如果我们满意，我们就会点击某个商品，而且还很可能会购买商品。用户的点击率、停留时间和购买转化率，都能很客观地反应我们的满意度。很多做内容推荐的产品，会主动提供用户是否满意的反馈入口，用户可以直接反馈"对该条内容不感兴趣"。比如反馈垃圾内容、拉黑作者、屏蔽等操作，通过用户的直接反馈，也可以度量系统的用户满意度。

2. 预测准确度

准确度是推荐系统预测用户行为的能力，是一个非常重要的离线评测指标。

首先，准备一个离线的数据集，包括用户的历史行为记录；然后，将该数据集通过时间分成训练集和测试集；最后，通过在训练集上建立用户的行为和兴趣模型，预测用户在测试集上的行为，并且把计算预测行为和实际行为的重合度作为预测准确度。

比如常见的评分系统：很多网站，不管是买了衣服，还是看了一部电影，都会提供一个让用户给物品打分的功能。这样就能知道用户对物品的历史评分，从中学习用户的兴趣模型，并预测该用户，会给没有评分过的物品打多少分。

还有一种比较常见的 topN 方法来评价预测准确度，假如已经获取到用户历史观看电影的记录数据：

集合 A：根据用户训练集上的行为，给出的推荐电影列表；

集合 B：用户在测试集上实际会观看的电影；

准确率 = $(A \cap B) / A$

召回率 = $(A \cap B) / B$，这个评估指标重点是：找出用户最有可能看的电影。

覆盖率，描述一个推荐系统对物品长尾的发掘能力。覆盖率 = 能够推荐出来的商品数量 / 总物品数量。以图书推荐为例，出版社可能会很关心，他们的书有没有被推荐给用户；覆盖率为 100% 的话，说明推荐系统可以将每个物品都推荐给至少一个用户。除了图书都能被推荐出来，每本书被推荐出来的次数也是很关键的。如果所有的物品都有机会被推荐，且推荐次数差不多，那么说明覆盖率越好。

3. 推荐系统应具备的特性

大家可能都听说过"马太效应"，就是所谓的强者更强，弱者更弱。一般的热门排行榜就有马太效应。但是推荐系统的初衷是希望消除马太效应的，这个也是推荐系统魅力的体现。推荐系统要考虑以下特性。

1）多样性：尽管用户的兴趣，在较长的时间跨度中是不一样的：在一个视频产品中，用户可能既会看《蜡笔小新》这样的动画片，也会看《指环王》这样的史诗奇幻题材的电影。但具体到用户访问推荐系统的某一刻，其兴趣往往是单一的，那么如果推荐列表只能覆盖用户的一个兴趣点，而这个兴趣点不是用户这个时刻的兴趣点，就不会让用户满意。相反，如果推荐列表比较多样，覆盖了用户绝大多数的兴趣点，那么就会增加用户找到感兴趣视频的概率。

在实际的推荐系统中，通常会去计算物品和物品之间的相似性，因为多样性和相似性是对应的。计算相似性往往通过物品的以下几方面进行：分类标签，比如电影的分类标签，是动作片、玄幻片还是古装剧，是搞笑的还是写实的；物品的提供者信息，比如电影的导演、主演、编剧等；物品的上市时间等。那么多样性最好是到什么程度呢？

如果用户 80% 的时间都在看搞笑的综艺，20% 的时间在看写实的节目。如果提供以下几个推荐列表，你会觉得哪个比较好呢？

A 列表中有 10 部搞笑综艺；

B 列表中有 10 部纪录片；

C 列表中有 8 部搞笑综艺，2 部纪录片；

D 列表中是 5 部搞笑综艺，5 部纪录片。

C 列表无疑是最好的，因为它具有一定的多样性，又兼顾了用户的主要兴趣。推荐列表比较多样，会增加用户找到感兴趣物品的概率。

2）新颖性：让用户觉得新颖，最简单的方式，就是在推荐列表里，过滤掉用户历史产生过行为的物品，包括浏览过的、点击过的等。但是现在同样的内容很可能出现在多个产品里，就算在我们的产品里没有，不代表用户在其他产品也没见过。所有会利用推荐结果的平均流行度，越不热门的内容越可能让用户觉得新颖，但是这个方法也是很粗略的，很难准确做出评估，因为不同用户不知道的东西是不一样的。

所以现在还没有一种比较好的统计方法，可以做到新颖性的评估，只能更多依赖于用户调查和线上实验测试。当推荐物品给用户后，可以观察用户的行为结果。如果向用户推荐一篇技术文章：首先，去筛选跟用户兴趣匹配的技术文章，找出最近产生的，因为较旧的很有可能会被看过了；然后，可以挑选非热门的，因为热门的也有可能被看过了；最后，在线上去观察用户的点击率，如果点击率比较高，则说明用户对这个文章感兴趣。

3）惊喜度：我们经常在分析需求的时候，把需求分为几个层次：兴奋型需求、期望型需求、基本型需求、可有可无需求和反向型需求。推荐系统也是一样，给用户惊喜是终极目标。

推荐给用户潜意识里需要，但是又没有明确表达出来的。换句话说，跟用户历史行为不相似，但是用户却觉得满意的推荐。如果用户历史上喜欢看刘德华的电影，系统推荐了《天下无贼》，如果用户没有看过这个电影，那么可以说这个推荐具有新颖性，但是不会有惊喜度，因为很大可能是他预期内的。如果把一部周星驰的《美人鱼》给他，他看完电影后很满意，"竟然把这么好的电影推荐给我了"！那么这个时候他就会觉得惊喜了。

怎么去做呢？首先，定义推荐结果和用户历史上喜欢物品的相似度；其次，需要定义用户对推荐结果的满意度；提高推荐惊喜度，需要提高推荐结果的用户满意度，同时降低推荐结果和用户历史兴趣的相似度。

4）信任度：人是社交型动物，喜欢熟悉的东西，喜欢熟悉的人，推荐系统也是一样，需要和人之间建立某种信任，那么就需要让用户了解推荐系统。

最简单的方式，就是增加推荐系统的透明度，也就是提供推荐解释，让用户知道这个推荐结果是怎么产生的，了解推荐系统运行机制。其次是考虑用户的社交网络信息，比如利用用户的好友信息给用户做推荐，并且用好友进行推荐解释。

5）实时性：试想，如果资讯应用老是推荐前几天的新闻，我们会有多么的"崩溃"？如果电商老是推荐我一年前购买过的相似物品，我们会是什么心情？

实时性包括两个方面：一是及时更新用户的兴趣，满足用户新的行为变化，比如现在在淘宝上，用户今天买了一本育儿绘本，如果再次访问淘宝，那么首页会推荐育儿相关的玩具和其他书籍；二是及时把新上架的物品推荐给用户，这个也主要解决了物品冷启动的问题，一个物品如果在平台里一直得不到推荐，那么物品肯定不会带来浏览和转化，那么物品提供方可能就没有太多心情，持续提供好的内容了。

6）商业目标：评测一个推荐系统，要注重商业目标是否达成。因为任何一个成功的产品，除了解决用户的问题以外，还需要解决盈利的问题。

一般来说，商业目标就是一个用户给公司带来的盈利，电子商务产品的目标可能是销售额，内容消费产品可能是广告收入。而好的推荐系统一定是考虑用户问题和商业目标的平衡。

5.4.5　推荐系统的冷启动

推荐系统需要利用已有的连接去预测未来用户和物品之间会出现的连接。对于大公司，它们已经积累了大量的用户数据，在某个产品上智能推荐的时候可能不存在冷启动的问题。对于很多没有大量用户数据的产品来说，如何在这种情况下设计推荐系统并且让用户对推荐结果满意，从而愿意使用推荐系统，就是冷启动的问题。冷启动问题主要分以下两大类：

1. 用户冷启动

用户冷启动主要解决如何给新用户或者不活跃用户做个性化推荐的问题。当新用户到来时，我们没有他的行为数据，所以也无法根据他的历史行为预测其兴趣，从而无法借此给他做个性化推荐。

2. 物品冷启动

物品冷启动主要解决如何将新的物品或展示次数较少的物品推荐给可能对它感兴趣的用户这一问题。一般来说，可以参考如下方式来解决冷启动的问题：

1）利用用户注册时提供的年龄、性别等数据做粗粒度的个性化推荐；

2）利用用户的社交网络账号登录（需要用户授权），导入用户在社交网站上的好友信息，然后给用户推荐其好友喜欢的物品；

3）要求新注册用户在首次登录时选择一些兴趣标签，根据收集到的用户兴趣信息，给用户推荐同类的物品；

4）给新用户或不活跃用户推荐热门排行榜，然后等到用户数据收集到一定的时候，再切换为个性化推荐。

5.5　又一个身份 ID——声纹识别

5.5.1　什么是声纹识别

想象一下，在会议室中，6 个人在开会，需要做会议纪要。做好会议纪要首先是把每个人的话记下来，然后提取关键信息。现在的语音识别技术已经可以实现语音转文本，并可以实现很高的准确率。但是如何把语音转文本中，某个人的说的话全部提取出来，这就需要声纹识别。

说了什么——语音识别；

谁在说——声纹识别；

用什么语言说的——语种识别；

说话时的情绪——情感识别；

说话人的年龄——年龄识别。

声纹识别关心的是"谁在说"，用于解决生物身份确认和识别；而语音识别关心的"说了什么"，用于解决对说话内容的识别。语音识别必然会从"说什么"发展到"谁在说"。传统智能语音技术的瓶颈在于它不能区分说话人身份，也就无法提供相应的个性化服务，实现真正意义的交互。语音场景下要解决身份识别的问题，需要基于声纹生物信息 ID 的声纹识别技术支持。

1）准确率高：在理想情况下（环境安静、采集质量高、发音正常），声纹识别的准确率可以达 99.5%；

2）采集成本低：声纹采集对设备的要求不高，如今智能手机一般都能能满足采集要求，并且人在说话的时候就能无感采集，无附加操作成本；

3）远程操作：指纹必须通过接触式的采集来识别，而声纹只需要有麦克风，联网即可进行身份确认。

5.5.2 声纹识别的原理

声纹是可以唯一识别人或事物的声谱，它是声波的频谱，承载由电声仪器显示的语音信息。尽管人声器官的生理结构总是相同的，但是声纹是有唯一性的，可以用作人体的"身份卡"，并具有长期稳定的特征信号。声纹识别技术利用这一点，通过声纹的语音声学特性比较和全面分析未知人类语音和已知人类语音，以确定两者是否相同。

声纹识别大致分为两种类型：语音识别和说话者识别。语音识别基于说话人的发音来识别说话的内容；说话人识别基于语音来识别说话人，而与声音的内容和含义无关。目前，一般意义上的声纹识别概念是指说话人识别，即通过语音信号提取代表说话人身份的相关特征（例如反映声门打开和关闭频率的基本频率特性），然后确定说话者的身份。它可以广泛用于国家安全、刑事侦查、电话银行、智能访问控制和娱乐增值。

声纹识别要求从语音信号中提取个体差异，提取出能够反映说话人是谁的信息，从而进行说话人识别。其基本原理是为每一个说话人建立一个能够描述这一说话人个性特征的模型，作为此说话人个性特征的描述。

声纹识别分两步：提取声纹特征和特征对比。声纹特征的提取，可从音频信号里提取出有效区分该说话人的唯一特征作，比对特征之间进行相似度匹配，得出分数，超过阈值即为验证通过，如图 5-5 所示。

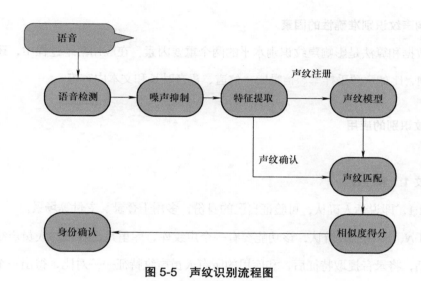

图 5-5　声纹识别流程图

5.5.3　声纹识别关键技术

1. 预处理

对输入的语音信号都要进行预处理，预处理过程的好坏在一定程度上也影响系统的识别效果，通常预处理过程为：采样量化→预加重→取音框→加窗→将音框通过低通滤波器。

2. 特征提取

特征提取是提取可以反映单个信息的声音的基本特征。这些基本特征必须能够准确有效地区分不同的发声个体，并且对于同一个人，这些基本特征应该是相对稳定的。

3. 模式匹配

声纹识别技术的关键在于对各种声学特征参数进行处理，并确定模式匹配方法。主要的模式匹配方法包括：概率统计法、动态时间规整法、隐马尔可夫模型法、矢量量化法和人工神经网络法。

4. 影响声纹识别准确性的因素

训练数据和算法是影响声纹识别水平的两个重要因素，在应用落地过程中，还会受很多因素的影响，比如声源采样率、信噪比、信道、语音时长和文本内容等。

5.5.4 声纹识别的应用

1. 声纹 1:1 和 1:N

声纹 1:1，即说话人确认，可验证自己的身份，多用于登录、支付等场景。

声纹 1:N，即说话人辨认，该功能要有一个声纹库，库里是已收集的人员声纹特征，当说话人说话，将录音提取特征后，和库里的所有人员声纹特征一一对比，得出一个或多个匹配结果。

2. 活体检测

为防止声音被合成伪造或者录音重播仿冒当事人，声纹识别也有活体检测技术，可以辨认出录音回放的声音和合成录音，大大增加了远程识别时的安全性。

3. 性别识别

只需说一句话，就能判断说话人的性别。

4. 年龄识别

可以根据用户声音判断给出一个用户年龄范围，不过现在年龄识别的准确率还有待提高。

5. 情绪识别

情绪识别，对于成年人来说，不同人在相同情绪下的声音的共性并不明显，而小孩或者婴儿的共性会更明显。

6. 声纹识别技术应用领域

声纹识别技术在目前通常广泛应用于公安司法、军队国防领域中，如刑侦破案、罪犯跟踪、国防监听等。

1）监听跟踪：恐怖分子在作案前后通常会与组织、同伙保持联系，通信中可能会包含关键内容。因此，在通信系统或安全监测系统中可以预先安装声纹辨认系统，通过通信跟踪和声纹识别技术对罪犯进行预防和侦查追捕。

2）国防安全：声纹识别技术可以察觉电话交谈过程中是否有关键说话人出现，继而对交谈内容进行跟踪（战场环境监听），当通过电话发出军事指令时，可以对发出命令者进行身份辨认（敌我指战员鉴别）。

3）公安技侦：不法分子通过非法渠道到获取受害者的个人信息，通过电话勒索、绑架等刑事犯罪案件时有发生。公安司法人员可利用声纹辨认技术，从通话语音中锁定嫌疑犯人、减小刑侦范围。在车站、飞机、码头等公共安检点装入声纹辨认系统，可以有效对危险人物进行鉴别和提示，降低肉眼识别所带来的错误，保护人们生命财产的安全。

4）其他应用领域：除了上述相关应用领域，说话人检测和追踪技术也有着广泛的应用。在含有多说话人的语音段中，如何高效准确地把目标说话人检测标识出来有着十分重要的意义。例如，在现有音频／视频会议系统中，通常设有多麦克风阵列用以实时记录会议中每一个说话人的讲话。通过将说话人追踪技术嵌入该会议系统，可实时标识每段语音所对应的说话人。该技术广泛应用于远程会议中，方便会议纪要总结，有利于提高公司的工作效率。

目前，指纹识别和面部识别已为公众所熟知，但声纹识别也作为生物识别技术处于技术挑战的最前沿。以国内公安领域为例，公安部将声纹技术推广到全国，类似于指纹数据库和 DNA 数据库。声纹库的构建是一项具有重要实用价值的作品，这体现在声纹特征的非接触式采集中。这些优点与现有的 DNA 数据库和指纹数据库相结合，可以形成三维生物特征库。它将有效提高公安机关侦破犯罪的效率和能力，成为实施科技警察的重要实践之一。

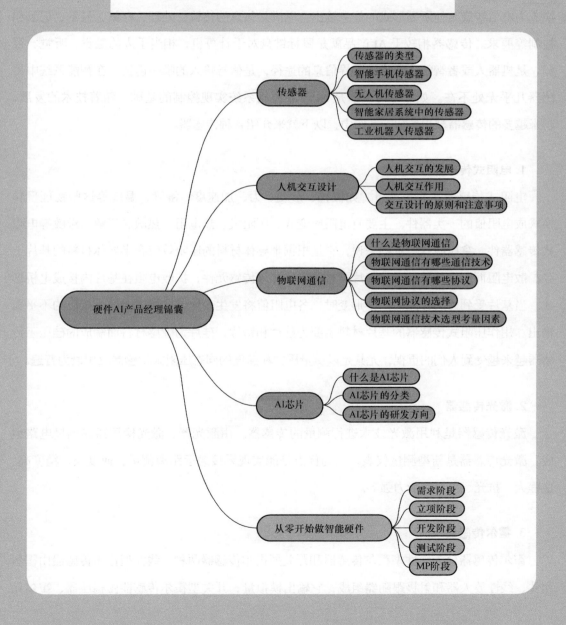

6.1　AI 的神经触手——传感器

6.1.1　传感器的类型

传感器是一类检测装置，能感受到被测量的信息，并能将感受到的信息，按一定规律变换成为电信号或其他所需形式的信息输出，以满足信息的传输、处理、存储、显示、记录和控制等要求。传感器相较于 AI 产品就是鼠标键盘对于计算机，相当于人的触觉、听觉、视觉，是机器人或者智能系统感知外界信息的途径，是信号输入的唯一途径，在智能系统中传感器几乎无处不在。如今，传感器是 AI 产品控制系统实现控制的基础，随着技术的发展，越来越多的传感器被用到智能系统中，以下就来介绍各种传感器。

1. 电阻式传感器

电阻式传感器是将被测量，如位移、形变、力、加速度、湿度、温度等这些物理量转换式成电阻值的一类器件。主要有电阻应变式、压阻式、热电阻、热敏、气敏、湿敏等电阻式传感器件。拿压阻式传感器来说，它是根据半导体材料的压阻效应在半导体材料的基片上经扩散电阻而制成的器件。其基片可直接作为测量传感元件，扩散电阻在基片内接成电桥形式。当基片受到外力作用而产生形变时，各电阻值将发生变化，电桥就会产生相应的不平衡输出。用作压阻式传感器的基片材料主要为硅片和锗片，硅片为敏感材料而制成的硅压阻传感器越来越受到人们的重视，尤其是以测量压力和速度的固态压阻式传感器应用最为普遍。

2. 激光传感器

激光传感器是利用激光技术进行测量的传感器。由激光器、激光检测器和测量电路组成。激光传感器是新型测量仪表，它的优点是能实现无接触远距离测量，速度快，精度高，量程大，抗光、电干扰能力强等。

3. 霍尔传感器

霍尔传感器分为线性型霍尔传感器和开关型霍尔传感器两种。线性型霍尔传感器由霍尔元件、线性放大器和射极跟随器组成，它输出模拟量；开关型霍尔传感器由稳压器、霍尔元件、差分放大器，施密特触发器和输出级组成，它输出数字量。霍尔电压随磁场强度的变化而变化，磁场越强，电压越高，磁场越弱，电压越低。霍尔电压值很小，通常只有几毫伏，但经集成电路中的放大器放大，就能使该电压放大到足以输出较强的信号。

4. 智能传感器

智能传感器的功能是通过模拟人的感官和大脑的协调动作，结合长期以来测试技术的研究和实际经验而提出来的，是一个相对独立的智能单元。它的出现对原来硬件性能苛刻要求有所减轻，而靠软件帮助可以使传感器的性能大幅度提高。

5. 红外传感器

红外传感器是以红外线为介质的测量系统，它主要通过红外辐射线与物质相互作用而发生的物理效应进行工作。在智能家居行业，它大部分情况下是利用这种相互作用所呈现出来的电学物理效应，来实现带红外开关的电器设备的开启与关闭。常见的红外应用产品有红外转发器，红外感应灯等。

6. 温湿度传感器

温湿度传感器能够通过特殊的检测装置，检测到空气中的温湿度，并按一定的规律，变换成电信号或其他所需形式进行信息的输出。

它的应用非常广泛，凡是需要对温度变化和气体中水蒸气含量进行监控的地方，都会运用到温湿度传感器。它不仅关系到家庭环境的质量，更与人体健康紧密相连，可以说是智能家居中至关重要的一环，一般可以通过它来联动空调、空气净化器等。

7. 门磁传感器

门磁传感器可以用来探测门、窗等是否被打开或移动。这种传感器一般被安装在门或窗上，感应门窗的开与关，配合其他智能安防产品使用，来防止危险入侵的发生。

它是由门磁主体和永磁体两部分组成，两者离开一定距离后，门磁传感器将发射无线电信号向系统终端报警，这个传感器也是智能家居中很常用的传感器。

8. 气体传感器

气体传感器是一种将气体的成分、浓度等信息转换成可以被人、仪器仪表、计算机等利用的信息的装置，也是在智能家居上应用的重要检测手段。在居家生活中，可燃气体以及污染气体是影响人们身体健康的重要因素。

以上传感器都是一些基础传感器，但是不同产品对于不同的需求会应用到不同的传感器，例如在智能手机系统中、在无人机系统中、在智能家居系统中和在工业机器人系统中，会分别应用到不同的传感器，实现不同的功能模块。

6.1.2 智能手机传感器

1. 加速度传感器

用加速度传感器检测手持设备的旋转动作及方向，可以实现所要显示图像的转正等功能。通过加装加速度传感器及以前我们所通用的惯性导航，便可以进行系统死区的测量。对加速度传感器进行一次积分，就变成了单位时间里的速度变化量，从而测出在死区内物体的移动。比如许多数码相机和手机拍照应用中的防手抖功能，用加速度传感器检测手持设备的振动 / 晃动幅度，当振动 / 晃动幅度过大时锁住照相快门，可保证拍摄的图片清晰度。

2. 磁力传感器

磁力传感器通称 M-sensor，返回 x、y、z 三轴的环境磁场数据。电子罗盘就是应用了磁力传感器数据才使得导航系统可以精准运行。

3. 方向传感器

方向传感器通称 O-sensor，返回 x、y、z 三轴的角度数据，方向数据的单位是角度。在 Android 平台中，传感器框架通常是使用一个标准的三维坐标系来表示一个值的。如图 6-1 所示。

x 轴的方向：沿着屏幕水平方向从左到右，如果手机如果不是正方形的话，较短的边需要水平放置，较长的边需要垂直放置。

y 轴的方向：从手机屏幕的左下角开始沿着屏幕的垂直方向指向屏幕的顶端。

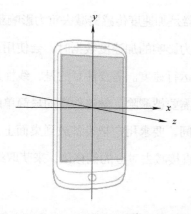

图 6-1   Android 平台三维坐标示意图

z 轴的方向：当手机水平放置时，指向天空的方向。

4. 陀螺仪传感器

陀螺仪传感器通称 Gyro-sensor，返回 x、y、z 三轴的角加速度数据。在导航类应用中，当汽车行驶到隧道或城市高大建筑物附近，没有 GPS 信号时，可以通过陀螺仪来测量汽车的偏航或直线运动位移，从而继续导航。开发者还可以通过陀螺仪对动作检测的结果（3D 范围内手机的动作），去实现对游戏的操作。比如，把手机当作一个方向盘，屏幕上是一架飞行中的战斗机，只要玩家上下，左右地倾斜手机，飞机就可以做上下，左右的动作。

5. 重力传感器

重力传感器通称 G-sensor，用于输出重力数据。重力传感器在手机横竖摆放的时候，屏幕会随之自动旋转，在玩游戏可以用体感操作来替代上下左右的按键操作。重力传感器和陀螺仪传感器区别就是重力感应是一种加速度力，而陀螺仪是检测围绕某轴的旋转动作。重力感应和陀螺仪都是惯性传感器。前者内部的测量对象是加速度力，传达的是"物体动还是没动、往哪个方向动"的信息；后者内部测量柯氏力，传达的是"动起来的物体是否有旋转、往哪个方显转的、转了多少度"的信息。

6. 线性加速度传感器

线性加速度传感器采用三维向量，提供设备坐标系中每个坐标轴的加速度数据，但不包括重力数据。线性加速度传感器是加速度传感器减去重力影响获取的数据。

通常，在想要获取没有重力影响的加速度数据时，会使用这种传感器。例如能够使用线性加速度传感器来监测汽车的运行速度。需要注意的是，线性加速度传感器采集到的数据始终有一个偏移量，这个偏移量需要被删除。做这件事的最简单的方法就是在应用程序中建立一个校准处理功能，在校准期间，要求用户把设备放到桌面上，读取三轴的偏移量，然后从加速度传感器中读取的数据中直接减去对应的偏移量，来获取线性加速度。

6.1.3　无人机传感器

1. 加速度传感器

加速度传感器用来提供水平及垂直方向的线性加速数据。相关数据可做为计算速率、方向，甚至是无人机高度的变化率。 加速度传感器还可以用来监测无人机所承受的震动。对于任何一款无人机来说，加速度传感器都是一个非常重要的元器件，因为即使无人机处于静止状态，都要靠它提供关键输入。

2. 陀螺仪传感器

陀螺仪传感器由陀螺仪所提供的信息将汇入马达控制驱动器，通过动态控制马达速度，并提供马达稳定度。 陀螺仪还能确保无人机根据用户控制装置所设定的角度旋转。

3. 磁罗盘

磁罗盘能为无人机提供"方向感"。它能提供装置在 x、y、z 各轴向所承受磁场的数据。除了方向的感测，磁性传感器也可以用来侦测四周的磁性与含铁金属，例如电极、电线、车辆、其他无人机等，以避免事故发生。

4. 气压传感器

气压传感器运作的原理就是利用大气压力换算出无人机的飞行高度。气压传感器能侦测地球的大气压力。由气压传感器所提供的数据能协助无人机导航，上升到所需的高度。

5. 超声波传感器

无人机采用的超声波传感器就是利用超声波碰到其他物质会反弹这一特性，进行飞行高度的辅助控制。比如接近地面的时候，利用气压传感器是无法应对的，但是利用超声波传感器在无人机接近地面时就能够实现高度控制。这样一来，气压传感器同超声波传感器一结合，就可以实现无人机无论是在高空还是低空都能够平稳飞行。

6. GPS

通过 GPS，才可能知道无人机机体的位置信息。不过一些新款的无人机已经不单单采用 GPS 了，有些机型会同时利用 GPS 与其他的卫星导航系统相结合，同时接收多种信号，检测无人机位置。无论是设定经度纬度进行自动飞行，还是保持定位进行悬停，GPS 都是极其重要的一大功能。

7. 湿度传感器

湿度传感器能监测湿度参数，相关数据则可应用在气象站、凝结高度监测、空气密度监测与气体传感器测量结果的修正。

8. MEMS 麦克风

MEMS（微机电系统）麦克风是一种能将声音频号转换为电子信号的音频传感器。MEMS 麦克风正逐渐取代传统麦克风，因为它们能提供更高的信噪比、更小的外形尺寸、更好的射频抗扰性，面对震动时也更加稳健。这类传感器可用在无人机的影片拍摄、监控等行动等应用。

6.1.4 智能家居系统中的传感器

1. 压力传感器

压力传感器是一类感受压力信号，按照一定的规律将压力信号转换成可用可输出的电信号器件。压力传感器通常由压力敏感元件和信号处理单元组成。按不同的测试压力类型，压力传感器可分为表压传感器、差压传感器和绝压传感器，可用于水位开关或更复杂的装置中，如洗衣机和烘干机中泡沫量的监视。

2. 化学传感器

化学传感器是一类专门用于检测、感知化学物质的特殊传感器，通常用于检测气体或液体中的特定化学成分，并将该化学成分的浓度信号转换为可检知的电流或电压信号。比如在洗衣机上用于水质监控，监测参数包括浑浊度、颜色、表面张力、洗涤剂溶度、pH 值等，然后确定漂洗循环的次数。

3. 电磁传感器

电磁传感器是最古老的传感器，指南针是磁传感器的最早的一种应用。但是作为现代的传感器，为了便于信号处理，需要磁传感器能将磁信号转化成为电信号输出。电磁传感器可用于洗碗机中控制喷水臂的移动。

4. 流量传感器

空气流量传感器用于检测气体质量流量。当待测气体通过流量传感器检测区域时，传感器的敏感电阻会发生相应变化，根据传感器敏感电阻的变化计算被测气体流量。可用于电扇和真空吸尘器中空气质量的检测。

6.1.5 工业机器人传感器

1. 位置（位移）传感器

比较常见的位置（位移）传感器有直线移动传感器和角位移传感器。直线移动传感器有电位计式和可调变压器式两种。角位移传感器有电位计式、可调变压器式及光电编码器式三种，其中光电编码器又分为增量式编码器和绝对式编码器。增量式编码器一般用于零位不确定的位置伺服控制，绝对式编码器能够得到对应于编码器初始锁定位置的驱动轴瞬时角度值，当设备受到压力时，只要读出每个关节编码器的读数，就能够对伺服控制的给定值进行调整，以防止机器人起动时产生过剧烈的运动。

2. 距离传感器

用于智能移动机器人的距离传感器有激光测距仪、声纳传感器等。

3. 三维视觉传感器

三维视觉传感器用于检测对方的第三维度，具有更高的精度来进行位置的判断，像是零件取放等相对精细的操作就是利用三维视觉技术检测物体并创建三维图像，分析之后选择最好的拾取方式。多用于机械臂机器人。

4. 力矩传感器

如果视觉传感器使机器人有了"眼睛"，那么力矩传感器则给了机器人的触觉。机器人使用力矩传感器来感应末端执行器的力。通常力矩传感器位于机器人和固定装置之间，以便由机器人监视反馈到固定装置的力。借助力矩传感器，可以实现诸如组装，手动指导之类的应用。

5. 碰撞检测传感器

碰撞检测传感器可以在机器人发生碰撞时，保护机器人末端执行工具和机器人手臂免受破坏，当机器人发生碰撞时，发送信号给机器人控制系统，机器人可紧急停止工作，最大程度减少工具损坏。

市场上还有很多的传感器适用于不同的应用，例如焊缝追踪传感器等。这些传感器有各种形式，从摄像头到激光等，目的是要让工业机器人可以了解工作需要和周围的环境状况。在 AI 硬件领域，芯片和传感器是两个主要方向。也是 AI 产品经理要重点关注的。

6.2 万物向善——人机交互设计

6.2.1 人机交互的发展

我们处在读屏时代，各种屏幕充斥着我们的生活，电脑、手机、电视、电梯里的广告屏等，最主流的交互就是触摸，例如特斯拉把汽车中间那块屏幕越做越大，关闭屏幕后就像一块小黑板，如图 6-2 所示。

图 6-2   特斯拉汽车显示屏

智能人机交互是促进信息技术智能化发展的重要驱动力，将传统的人适应机器转变为机器试图理解人的交互意图，包括语音交互、眼动交互、手势交互、脑机交互等。

鼠标键盘和显示屏的出现，改变了整个计算机技术的发展方向，从它的形态、硬件，到对应的软件、操作系统，发展到移动互联网，触摸屏和手势操作已成为新的人机交互方式。未来将不会再局限于现在这样的显示屏，它应该是一种无处不在的交互，一种在任何地方都可能出现显示和传感的东西。好的人机交互，一定是人与机器在生活和生产场景实现的无处不在的交互。

6.2.2　人机交互作用

图形用户界面和鼠标的发明，大大提升了计算机的使用效率。鼠标、桌面、窗口，这三要素协同工作，一举解决了人机交互史上的两个难题：精准定位和快速切换。图形用户界面的诞生只解决了人机交互的显示问题，但随着技术的发展，高效输入的方式也遭遇了挑战。2006 年，主打体感操作的 Wii（任天堂公司推出的家用游戏机）问世，原本只能靠按键、摇杆控制的游戏有了更直观的操作方式，同时也启发了不少开发商制作体感游戏软件。近几年智能音箱的普及，使语音交互也更加可行。

AI 时代，基于不同形式的人机交互，可以分为三个类别：基于视觉、基于音频和基于传感器。

1. 基于视觉的人机交互

基于视觉的人机交互研究可能是该领域中最普遍的。

（1）人脸检测

人脸检测是利用人自身固有特征进行的交互，具有自然、方便、快捷等特点。伴随计算机视觉技术发展、深度学习算法的不断突破，用于身份验证的人脸检测和识别技术已经成熟，被广泛应用于个人和公共场景的身份核验，并会继续扩大应用落地场景。未来，机器还可以准确地识别人脸的更多细节信息，如表情、微表情、精神状态（是否疲劳、是否专注）、视线注意等，以判断人的情绪、疲劳状态、专注度等，并在情感互动、疲劳驾驶预警、专注力监测与应对等场景发挥作用。

（2）空中手势

随着摄像头技术和深度学习算法的不断进步，空中手势交互的种类和自由度在不断提升，从二维静态、近距离手势扩展到三维动态、远距离手势，手势交互自然、高效的优势被进一步凸显出来。随着国内外科技企业在手势识别领域的纷纷布局，空中手势交互将有望成为实现多通道自然交互的标配。

2. 基于音频的人机交互

基于音频的交互是人机交互系统的另一个重要领域。这个领域处理不同的音频信号获得的信息。正如本书 5.6 节所说的那样，虽然音频信号的性质可能不可以作为视觉信号，但从音频信号收集到的信息可以更值得信赖，更有用，在某些情况下可成为独特的信息提供者。

语音识别和语义理解是 AI 领域相对成熟的技术，语音交互在 AI 时代已经有了先发优势，正在被逐渐落地并且有望大规模应用。目前，语音交互已经在智能家居、手机、车载、智能穿戴、机器人等行业加速渗透和落地。区别于以往的交互方式，语音交互在输入和输出方式上发生了质的变化，"听"和"说"成为人们与产品之间信息交互的主要方式，人机交互方式从"Finger first"转变成"Voice first"。语音可以解放人们的双手和双眼，降低产品的使用门槛。但目前语音交互仍不够自然，会受诸多条件限制，例如需要在安静环境下、先唤醒然后发出指令、使用普通话交流等，这些并不符合人们日常对话的习惯。未来，随着语音技术的不断完善，语音交互的自然度将进一步提升，并愈加趋向人类自然对话的体验。

3. 基于传感器的人机交互

在人机交互中至少有一个物理传感器。这些传感器可以非常简单或非常复杂。例如笔式交互、鼠标和键盘、操纵杆、运动跟踪传感器和数字转换器、触觉传感器、压力传感器、味道/气味传感器等。

笔式传感器主要应用于移动设备领域，并且涉及笔势和手写识别技术。随着人体检测技术的进步，人体的各种生理信号（如肌电、心率等），也可以作为信息输入到智能体中，帮助智能体更好地识别人的显性或隐性的需求，给予及时恰当的应对和服务；同时，人接收信息的通道也会向触觉、嗅觉等以往较少应用的感官拓展，以增强真实立体的感官体验。

6.2.3 交互设计的原则和注意事项

1. 人机界面交互设计原则

现在 AI 产品的人机界面以图形用户界面为主。用户在进行交互操作时，其行为可以被显示出来。在进行具体的人机界面交互设计时，要遵守以下原则：

1）重要性原则：重要信息突出展示；

2）操作频率原则：操作频繁的功能放在最显眼位置；

3）操作顺序原则：按照操作顺序排序；

4）相关性原则：相关功能要有流程铺垫；

5）相容性原则：功能不互斥。

界面设计时，要认真考虑指示符号的准确性、信息显示的一致性和控制的灵活性，使操作者可以高效地使用。

2. 交互行为设计

在进行产品交互行为设计时，要充分考虑产品特点，尽可能简化操作行为，使其更适合操作人员的认知和行为习惯，从而减少操作失误发生的可能性。通过人性化的交互设计增加产品安全性、舒适性十分重要。

3. 人性化外观设计

人性化的外观设计主要是对产品的的造型、色彩和质感等进行设计，具有情感上的感染力的产品，可以在使用中带来积极的影响，减少紧张、焦虑和恐惧等不良情绪。例如采用"白灰 + 中低明度的冷色"的基调，有助于营造出安全、稳重的氛围，不会像单纯的黑白色调那样严肃；在进行线条设计时，采取均衡但不夸张的流线型设计会表现得更具亲和力。

4. 减少系统性成本

在产品设计中应当让用户尽量减少操作步骤。举一个简单的例子：现在一些智能家居可以用手机开关灯，开灯时，需要掏出手机解锁，找到这个 APP，然后打开这个 APP，进虚拟房间，找到灯最后打开。除了最后打开的动作，前面所有的动作都是无效的。这种操作流程比较长，还不如掀开被子跑过去按一下实体开关。很多技术没有能力去突破这个限制，这就是系统性成本。AI 技术的发展最有可能消除系统性成本，所想即所得，我跟它通过语音说开灯就好了。

5. 可靠性

现在的 AI 产品不仅是软件系统，还是软硬件结合的系统，系统的可靠性是由多种因素决定的，影响系统可靠、安全运行的主要因素来自于系统内部和外部的干扰，包括系统结构设计、元器件选择、安装、制造工艺和外部环境条件等。可靠性的高低涉及产品活动的方方面面，包括元器件采购、检验、设备设计、生产、工程安装、维护等各个环节。越简单越可靠是可靠性设计的一个原则，是减少故障提高可靠性的最有效方法。因此，要尽量采用结构简单、具有成熟使用经验或标准化的零件和技术，尽量减少不必要的和可有可无的零件。

6.3 指令传输——物联网通信

通信对物联网来说十分关键，无论是近距离无线传输技术还是移动通信技术，都影响着物联网的发展。随着时代进步和发展，社会逐步进入全联网时代，各类传感器采集数据越来越丰富，大数据应用随之而来，人们考虑把各类设备直接纳入互联网以方便数据采集、管理以及分析计算。

简而言之，物联网智能化已经不再局限于小型设备和小网络阶段，而是进入到完整的工业智能化领域，智能物联网化在大数据、云计算、虚拟现实上步入成熟，并纳入整个全联网大生态环境。

6.3.1　什么是物联网通信

物联网就是"物物相连的互联网"，其核心就是将所有物品分配网络地址，通过射频识别等信息传感设备，与互联网连接起来，实现智能化识别和管理。

1. 物联网分为有线连接和无线连接

物品之间的连接方式可以分成有线连接和无线连接，连接本质就是通信，因此也就分别使用有线通信技术和无线通信技术。

2. 物联网通信分为短距离通信和长距离通信

有很多的场合，人和物只需要跟附近的通信终端通信，例如在家里、办公室、工厂等。这个场景一般靠局域网就可以。但是也存在长距离的应用场景，例如两个城市之间的网络要连接起来，在高速上的车辆或乘客，甚至是海洋上的渔船。

通常把通信距离在 100m 以内的通信称为短距离通信，而通信距离超过 1000m 的称为长距离通信。现实中有很多种通信技术可以满足各种不同的通信需求，但是还没有哪一种通信技术可以满足所有的通信需求。

6.3.2　物联网通信有哪些通信技术

通信技术主要是强调信息从信源到目的地的传输过程所使用的技术，各种通信技术之间如何能协同工作呢？国际标准化组织提出了开放系统互连（Open System Interconnection，

OSI）参考模型，将网络互连分成了物理层、数据链路层、网络层、传输层、会话层、表示层和应用层。也就是这个伟大的标准最终形成了互联网，以及无所不连的物联网。

1. 有线通信：以太网

以太网（Ethernet）是一种局域网通信技术，IEEE（电气与电子工程师协会）制定了以太网的技术标准，它规定了包括物理层的连线、电子信号和介质访问层协议的内容。以太网使用双绞线作为传输媒介，在没有中继的情况下，最远可以覆盖 200m 的范围。最普及的以太网类型数据传输速率为 100Mbit/s，更新的标准则支持 1Gbit/s 和 10Gbit/s 的速率。

2. 有线通信：串行接口通信技术

串行接口（Serial port，简称串口）是一种非常通用的用于设备之间的通信接口，也广泛用于设备以及仪器仪表之间的通信。常见的串口有 RS-232（使用 25 针或 9 针连接器）型和工业电脑应用的半双工 RS-485 型与全双工 RS-422 型。

3. 有线通信：Modbus

和同前面几种通信技术不一样，通常认为 Modbus 只是使用串行方式进行通信的应用层协议标准，它并不包含电气方面的规范。

Modbus 最初是 Modicon 于 1979 年为使用可编程逻辑控制器（PLC）通信而发表的，后来衍生出 Modbus RTU、Modbus ASCII 和 Modbus TCP 三种模式，前两种所用的物理接口是上面介绍的串口，后一种使用以太网接口。

4. 无线短距通信：Wi-Fi

Wi-Fi 是一种无线局域网通信技术，无线保真，通信距离通常在几十米。Wi-Fi 的缺点是通信距离有限，稳定性差，功耗较大，组网能力差。

5. 无线短距通信：蓝牙

蓝牙（Bluetooth）是一种设备之间进行无线通信的技术。蓝牙使用短波特高频（UHF）

无线电波，经由 2.4~2.485GHz 的 ISM 频段来进行通信，通信距离从几米到几百米不等。

Bluetooth Smart 技术的蓝牙设备之间可以直接"对话"。但是蓝牙的缺点主要是其各个版本不兼容，安全性差（4.0 版本以后得到改进），组网能力差，以及在 2.4GHz 频率上的电波干扰问题等。

6. 无线短距通信：ZigBee

ZigBee 是一种低速低距离传输的无线协议，被标准化为 IEEE 802.15.4，工作频段有三个：868~868.6MHz、902~928MHz 和 2.4~2.4835GHz，其中最后一个频段世界范围内通用，16 个信道，并且该频段为免付费、免申请的无线电频段。

三个频段传输速率分别为 20kbit/s，40kbit/s 以及 250kbit/s。但是实际中 ZigBee 远没有像 Wi-Fi 或者蓝牙那样得到广泛的应用，这是由于它复杂，成本高，抗干扰性差，ZigBee 协议没有开源，以及和 IP 协议对接比较复杂等因素限制了它在实际中的应用。

7. 无线短距通信：LoRa

LoRa 来源于 Long Range 这个单词，是一种长距离通信的通信技术。LoRa 技术基于线性 Chirp 扩频调制，延续了移频键控调制的低功耗特性，但是大大增加了通信范围。

LoRa 技术应用典型场景包括：超长电池寿命，节点之间长距离通信，低频次（如每小时只要传递几次数据）。

8. 无线远距通信：GPRS

GPRS 是通用分组无线电服务（General Packet Radio Service）的缩写，GPRS 是终端和通信基站之间的一种远程通信技术，也就是俗称的 2G 网络。由于移动通信终端的普及，其成本已经大大降低，因此在物联网中采用 GPRS 通信技术，其硬件成本相比 Wi-Fi 或者 ZigBee 都有较大的优势。但是 GPRS 终端在通信时要使用电信运营商的基础设施，因此需要缴纳一定的费用，即数据流量费，这个服务费用限制了大量设备连接到网络。GPRS 的速率较低，是另外一个问题。GPRS 通信质量受信号强弱影响较大，无信号覆盖或者较弱的地方通信效果很差，可能影响业务的完成。

9. 无线近场通信：NFC

NFC（Near-Field Communication，近场通信）是一种短距高频的无线电技术，属于 RFID 技术的一种，工作频率在 13.56MHz，有效工作距离在 20cm 以内。其传输速度有 106kbit/s、212kbit/s 或者 424kbit/s 三种。通过卡、读卡器以及点对点三种业务模式进行数据读取与交换。尽管 NFC 没有其他无线通信那种无线信号被窃听的风险，但是由于 NFC 卡过于简单以及其被动式响应的设计也是不安全的因素。

6.3.3 物联网通信有哪些协议

物联网协议分为两类，一类是传输协议，另一类是通信协议。传输协议通常负责子网中设备之间的联网和通信。通信协议主要是运行在传统 TCP/IP 上的设备通信协议，并负责通过互联网在设备之间进行数据交换和通信。

1. HTTP

HTTP 是典型的 CS 通信模式，由客户端主动发起连接，向服务器请求 XML 或 JSON 数据。该协议最早是为了适用 Web 浏览器的上网浏览场景和设计的，目前在 PC、手机、平板电脑等终端上都应用广泛，但并不适用于物联网场景。

2. REST/HTTP

REST（Representational State Transfer，表征状态转换）是基于 HTTP 开发的一种通信模式，目前还不是标准。REST/HTTP 主要为了简化互联网中的系统架构，快速实现客户端和服务器之间交互的松耦合，降低了客户端和服务器之间的交互延迟。因此适合在物联网的应用层面，通过 REST 开放物联网中资源，实现服务被其他应用所调用。

3. CoAP

CoAP（Constrained Application Protocol，受限应用协议）是应用于无线传感网中协议。CoAP 是简化了 HTTP 的 RESTful API，CoAP 是 6LoWPAN 协议栈中的应用层协议，它适用于在资源受限的通信的 IP 网络。

4. MQTT 协议

MQTT（Message Queuing Telemetry Transport，消息队列遥测传输）协议是由 IBM 开发的即时通信协议，相对来说比较适合物联网场景的通信协议。MQTT 协议采用发布 / 订阅模式，所有的物联网终端都通过 TCP 连接到云端，云端通过主题的方式管理各个设备关注的通信内容，负责将设备与设备之间消息的转发。

5. DDS 协议

DDS（Data Distribution Service for Real-Time Systems，面向实时系统的数据分布服务），这是大名鼎鼎的 OMG 组织提出的协议，特点是实时性和可靠性都较高，其权威性应该能证明该协议的未来应用前景。

6. AMQP

AMQP（Advanced Message Queuing Protocol，先进消息队列协议）用于业务系统，例如 PLM、ERP、MES 等进行数据交换。AMQP 最早应用于金融系统之间的交易消息传递，在物联网应用中，主要适用于移动手持设备与后台数据中心的通信和分析。

7. XMPP

XMPP（Extensible Messaging and Presence Protocol，可扩展通讯和表示协议），XMPP 的前身是 Jabber，一个开源形式组织产生的网络即时通信协议。XMPP 目前被 IETF 国际标准组织完成了标准化工作。XMPP 适用于即时通信的应用程序，还能用在网络管理、内容供稿、协同工具、档案共享、游戏、远端系统监控等业务上。

8. JMS 协议

JMS（Java Message Service，Java 消息服务）是 Java 平台中著名的消息队列协议。JMS 是一个 Java 平台中关于面向消息中间件的应用程序接口（API），用于在两个应用程序之间，或分布式系统中发送消息，进行异步通信。JMS 是一个与具体平台无关的 API，绝大多数消息中间件提供商都对 JMS 提供支持。

9. 基于窄带物联网（Narrow Band-Internet of Things NB-IoT）的协议

基于 NB-IoT 网络的 LWM2M（Lightweight M2M, 轻量级 M2M）协由 OMA（Open Mobile Alliance, 开放移动联盟）组织制定，主要面向基于蜂窝网络的窄带物联网场景下的物联网应用。从应用范围上看，虽然中高速率的设备接入以及长连接需求比较广泛。但是从设备连接数的规模上看，低功耗广覆盖的接入规模占整个物联网连接相对更广，潜力更大。该协议适用于对电量需求低，覆盖深度高，终端设备海量连接以及设备成本敏感环境。

10. 物联网协议的选择

（1）发布 / 订阅服务更适合物联网环境下通信

DDS、MQTT、AMQP 和 JMS 都是基于发布 / 订阅模式，发布 / 订阅框架具有服务自发现、动态扩展、事件过滤的特点，它解决了物联网系统在应用层的数据源快速获取、物的加入和退出、兴趣订阅、降低带宽流量等问题，实现物与物的联接在空间上松耦合（双方无需知道通信地址）、时间上松耦合和同步松耦合。

（2）服务质量（QoS）是物联网通信中的重要考虑因素

在服务策略的帮助下，DDS 能够有效地控制和管理网络带宽、内存空间等资源的使用，同时也能控制数据的可靠性、实时性和数据的生存时间，通过灵活使用这些服务质量策略，DDS 不仅能在窄带的无线环境上，也能在宽带的有线通信环境上开发出满足实时性需求的数据分发系统。

6.3.4 物联网通信技术选型考量因素

前文介绍了几种通信技术，下面介绍选择通信技术时需考量的几个要点。

1. 覆盖范围

覆盖范围是指节点（终端）和网关（基站）的有效通信范围，是衡量通信技术的一个重要指标。物联网的应用通常具有数据量小、设备数量多、分布散等特点，因此覆盖范围便是很重要的一个因素。

一般来说，通信频段越低，覆盖范围就相对越大，需要的基站数量也就越少，同时基站设备和布设的成本以及布设难度也会大大降低。在覆盖范围上 LoRa、NB-IOT、ZETA 的覆盖范围都是在数十公里上的，ZigBee 和蓝牙都是在百米以内。

2. 通信速率

通信速率是节点或网关在一定时间内可以传输数据的数量。假设一个网关的通信速率是 1024B/s，一个传感器的一次数据是 8B。那么这个网关或节点最多每秒可以收发 1024B/8B=128 个传感器的数据。当然这只是理论值，实际会因避免数据冲突以及数据下发等因素影响。通信速率和网关的信道数量有关，信道越多速率越高。

在常用通信技术上来说，一般是速率越高越好，不过目前在物联网应用中的行业本身特性就没有特别大的数据量需要传输，因此在考虑通信速率时主要考虑在一个区域下有多少设备，会产生多大的并发数据量，什么通信技术的网关可以承载这些数量，以此选择适合的通信技术，并注意预留一些冗余即可。

3. 通信频段

频段指的是电磁波的频率范围，我们用来描述 Wi-Fi 时常说的 2.4G 或 5G 其实指的就是频段。无线电的频段是有免授权和授权两种类型的，像是 Wi-Fi 用的 2.4G、5G 和 LoRa 在我国使用的 470~510MHz 等都是免授权频段，可以直接免费使用。还有一些频段是受管制的，需要申请才可使用。选择频段的时候需要考虑频段是否需要授权，如果是非授权频段也要考虑频段是否拥挤，以及如何处理同频段干扰问题。

无线电的频段越高，其数据的传输速率也就越大，当然功耗随之增加。物联网行业很多的设备通常都是数据量小、使用电池供电，所以需要设备尽可能降低功耗，像是 Wi-Fi 这种高功耗的通信技术使用场景就非常有限了，通常只会用在小范围内的有源设备上。

4. 运营商网络与私有网络

运营商网络是指联通、移动、电信等公司搭建的通信网络，这类网络的网关是运营商搭建的，不能通过此类网络实现本地设备的局域网通信，也无法实现本地多数据源的边缘计算。运营商网络覆盖范围大、信号稳定、用户接入即可使用，当然也需要支付通信费用。例如，共享单车这类数据量小、设备分散且应用场景不固定的物联网设备，使用运营商网络是最适合的。但如果是场地固定、设备集中或需要多数据源以及大量数据的边缘计算场景，那么搭建私有网络是比较合适的，这样会省去很多通信费用，并且数据的响应速度也会比较快。

5. 功耗

功耗是物联网行业在进行通信方案选取时一直要做取舍的令人头疼的问题，除了上面说的频段越高，传输速率越大，能耗越高之外，还有一个影响功耗的因素就是通信协议。

Wi-Fi 这类通信协议相对比较复杂，并且会保持长时间连接，因此会比较费电；LoRa、ZigBee、NB-IoT 这类技术的通信协议简单，报文长度短，且具备多种工作模式，可以根据应用场景调整工作模式从而实现减低功耗的目的。

6. 单跳和多跳通信

单跳的通信方式是节点→网关→云端，也就是说节点的数据通过网关直接上云，不可以在网关之间进行路由转发。这种方式单个网关的信号范围就是其可以使用的范围，如果想覆盖更大或更远的范围则只能增加网关，每个网关需要连接以太网将数据上云，因此网关的联网成本和复杂度较高，需要网关布设的地方必须同时具备电源和网络覆盖。

多跳通信方式是节点→网关→中继→云端的架构，也就是说数据可以在网关和中继之间做路由跳转，最后通过一个网关将多个中继下终端的数据上云。多跳方式可以通过增加中继覆盖更大或更远的范围，并且只需要一个网关具备数据上云能力即可。这样中继设备只需要有电源供应即可，甚至可以使用电池供电，布设成本和布设难度将大大降低。这种方式最适合的应用场景是高压输电线路的通信等范围大、数据量小的应用，因为一般高压电基站都是在空旷的田野或山区中架设，连网相对比较麻烦，通过多跳通信只要一个网关能联网上云就可以带动很多网关的数据上云。

LoRa 等通信都是属于单跳通信，ZETA、ZigBee、Wi-Fi、蓝牙等通信是属于多跳通信。在使用多跳通信的时候需要注意的是，上云网关通信速率的大小直接限制了总通信速率大小。

在万物互联的时代，不同场景下的各种传感器如何选择合适的物联网通信方式至关重要，对于系统的稳定性和可靠性有很大影响。了解各种通信技术和通信协议是硬件 AI 产品经理的必修课。

6.4　王冠上的宝石——AI 芯片

AI 是未来数年的科技主流和趋势，它由算法、算力和数据三个因素组成，而算力的决定性因素就是 AI 芯片。目前全球从事 AI 芯片研究的企业接近百家，未来可能会更多，AI 芯片分很多种，应用场景的多样化决定其芯片不一样，云端和终端的芯片最多，下面就来了解一下什么是 AI 芯片。

6.4.1　什么是 AI 芯片

2007 年之前，AI 的研究和应用尚未发展成熟。同时，由于当时的算法和数据等因素，对当时阶段的芯片性能没有特别强烈的需求，而普通的 CPU（Central Processing Unit，中央处理器）芯片可以提供足够的支持计算能力。随着高清视频、游戏等行业的发展，GPU（Graphics Processing Unit，图形处理器）产品取得了快速突破。与传统的 CPU 相比，GPU 运行深度学习算法的效率可以提高 9~72 倍。因此，GPU 开始用于 AI 领域。进入 2010 年之后，云计算得到了广泛的推广，AI 研究人员可以通过云计算使用大量 CPU 和 GPU 进行混合计算。2015 年之后，该行业开始通过更好的硬件和芯片来开发用于 AI 的专用芯片。2019 年的阿里云栖大会上，阿里的首席技术官张建锋展示了阿里巴巴的首款 AI 芯片"含光 800"。AI 芯片主要分为三类。

1. 基于 FPGA 的半定制 AI 芯片

FPGA（Field-Programmable Gate Array，现场可编程门阵列）是专用集成电路领域中的一种半定制电路。FPGA 利用门电路直接运算，速度快，用户可以自定义这些门电路和存储器之间的布线，改变执行方案，以得到最佳效果。

在芯片需求还未成规模、深度学习算法暂未稳定，需要不断迭代改进的情况下，利用具备可重构特性的 FPGA 芯片来实现半定制的 AI 芯片是最佳选择。

FPGA 芯片中的杰出代表是国内公司深鉴科技（后被赛灵思公司收购），该公司设计了"深度学习处理单元（Deep Processing Unit，DPU）"的芯片，希望以 ASIC（Application Specific Integrated Circuit，专用集成电路）级别的功耗来达到优于 GPU 的性能，其第一批产品就是基于 FPGA 平台。这种半定制芯片虽然依托于 FPGA 平台，但是利用抽象出了指令集与编译器，可以快速开发、快速迭代，与专用的 FPGA 加速器产品相比，也具有非常明显的优势。

2. 针对深度学习算法的全定制 AI 芯片

针对深度学习算法的全定制 AI 芯片完全采用 ASIC 设计方法，ASIC 是一种为专用目的设计的，面向特定用户需求的定制芯片，在大规模量产的情况下具备性能更强、体积更小、功耗更低、成本更低、可靠性更高等优点。这类芯片性能、功耗和面积等指标面向深度学习算法都做到了最优。谷歌的 TPU 芯片、我国中科院计算所的寒武纪深度学习处理器芯片就是这类芯片的典型代表。

寒武纪芯片在国际上开创了深度学习处理器方向，目前寒武纪系列已包含三种原型处理器结构：寒武纪 1 号（面向神经网络的原型处理器结构）、寒武纪 2 号（面向大规模神经网络）、寒武纪 3 号（面向多种深度学习算法）。

3. 类脑计算芯片

类脑计算芯片的设计目的不再局限于仅仅加速深度学习算法，而是在芯片基本结构甚至器件层面上希望能够开发出新的类脑计算机体系结构，比如会采用忆阻器和 ReRAM 等新器件来提高存储密度。这类芯片的研究离成为市场上可以大规模广泛使用的成熟技术还有很大的差距，甚至有很大的风险，但是长期来看类脑芯片有可能会带来计算体系的革命。典型代表是 IBM 的 TrueNorth 芯片。TrueNorth 处理器由 54 亿个连结晶体管组成，构成了包含 100 万个数字神经元阵列，这些神经元又可通过 2.56 亿个电突触彼此通信。

6.4.2 AI 芯片的分类

按位置来分，AI 芯片可以部署在数据中心（云端）、手机、安防摄像头、汽车等终端上。

按承担的任务来分，AI 芯片可以被分为用于构建神经网络模型的训练芯片与利用神经网络模型进行推断的推断芯片。训练芯片注重绝对的计算能力，而推断芯片更注重综合指标，如单位能耗算力、时延等。

训练，是指通过大数据训练出一个复杂的神经网络模型，即用大量标记过的数据来"训练"相应的系统，使之可以适应特定的功能。训练需要极高的计算性能，需要较高的精度，需要能处理海量的数据，需要有一定的通用性，以便完成各种各样的学习任务。

推理，是指利用训练好的模型，使用新数据推理出各种结论，即借助现有神经网络模型进行运算，利用新的输入数据来一次性获得正确结论的过程，也称为预测或推断。

训练芯片受算力约束，一般只在云端部署。推断芯片按照不同应用场景，分为手机边缘推断芯片、安防边缘推断芯片、自动驾驶边缘推断芯片等，也称它们为手机 AI 芯片、安防 AI 芯片和汽车 AI 芯片。

云 AI 芯片的特点是性能强大、能够同时支持大量运算、并且能够灵活地支持图片、语音、视频等不同 AI 应用。基于云 AI 芯片的技术，能够让各种智能设备和云端服务器进行快速的连接，并且保持稳定。

6.4.3 AI 芯片的研发方向

近几年，AI 技术的应用场景开始向移动设备转移，产业的需求促成了技术的进步，而 AI 芯片作为产业的根基，必须不断达到更强的性能、更高的效率、更小的体积，才能完成 AI 技术从云端到终端的转移。

AI 芯片的研发方向主要分两种：一是基于传统冯·诺依曼架构的 FPGA 和 ASIC 芯片；二是模仿人脑神经元结构设计的类脑芯片。其中 FPGA 和 ASIC 芯片不管是研发还是应用，都已经形成一定规模；而类脑芯片虽然还处于研发初期，但具备很大潜力，可能在未来成为行业内的主流。

这两条发展路线的主要区别在于，前者沿用冯·诺依曼架构，后者采用类脑架构。你看到的每一台电脑，采用的都是冯·诺依曼架构。它的核心思路就是处理器和存储器要分开，所以才有了 CPU（中央处理器）和内存。而类脑架构，顾名思义，模仿人脑神经元结构，因此 CPU、内存和通信部件都集成在一起。

6.5 从零开始做智能硬件

6.5.1 需求阶段

要完成一款互联网产品的设计，第一阶段就是需求调研。根据产品的服务对象不同，分为 B 端产品和 C 端产品。B 端产品需求一般来自甲方，C 端产品需求来自产品经理的用户调研、小组讨论、用户访谈、问卷调查等。同理硬件产品有了创意或方向后，需要进行市场研究，这个阶段最重要的目标是确定这个产品市场价值大不大，值不值得做。

与软件产品不同的是，做一款硬件产品需要投入更多的人力物力财力和时间，如果产品不被市场认可，损失会很大。而软件产品可以用极小的成本做一个 MVP 进行市场验证，如果产品不行，很容易调整方向直到获得成功。所以做智能硬件时更需要做好市场调研。

1. 需求调研

需求调研分为以下几步：明确调研目标、选择采集方法、制定采集计划、执行采集计划、整理相关资料、进行需求分析。需求调研常用的四种方法是：用户访谈、可用性测试、问卷调查和数据分析，其中定性方面是用户访谈和可用性测试，定量方面是问卷调查和数据分析。

2. 完成功能列表及 Demo 图

根据调研结论输出功能列表及产品 Demo 图，功能列表用于告诉项目成员这一版本迭代哪些内容，前台需要做哪些工作，后台需要做哪些工作。功能列表可能会更新，每一次更新可以用不同颜色的文字表示出来。功能列表可以快速勾划出一个硬件产品的基本功能点。

Demo 图即产品页面线框图或原型图，可用 Axure、Visio、Photoshop、Fireworks 等工具，去完整地表达出产品各个模块的功能位置，以及所有交互行为，可保证交互和视觉设计师利用 Demo 设计出完整的页面效果图，开发工程师可利用 Demo 开发出完整的功能。文案要尽可能接近真实，强化及弱化的功能点表达清楚，Web/APP 端产品，尽可能按照页面实际图片元素的比例，进行示范。

6.5.2　立项阶段

1. 确认需求

经过市场阶段的各种调研分析之后，产品创意经过了重重考验，终于要立项开动了。市场需求有了，那么接下来就需要组建团队来做产品了吗？不，在立项阶段还有很多事情要做。

在需求阶段，得到的需求更多的是用户需求，需要将用户需求转化为产品需求，其中首要考虑的就是转化过程中的需求可行性。在做实际产品过程中，经常会遇到一些需求在技术上暂时无法实现，或者实现的成本太高，此时就需要对产品设计方案进行调整或让用户对产品进行妥协。

这个阶段的需求分析包括了嵌入式软硬件和互联网平台（APP 和 Web 后台）的需求分析，最终形成一份产品需求规格说明书，并对产品的各种软硬件功能、性能、成本、安全性、外观结构等做出明确的要求。

2. 成立项目组

在互联网产品团队里面，主要成员为产品经理、UI 设计师、后台开发、iOS 开发、Android 开发、测试工程师、运维人员等。产品研发流程分为产品规划、产品设计、技术研发、测试调整、提审发布五个阶段。

那么智能硬件产品团队呢？智能硬件除了包含了互联网软件的部分，还涉及 ID、结构、模具、包装、硬件、生产、认证和销售等环节，所以一个完整的智能硬件产品团队需要 ID

设计师、结构工程师、嵌入式硬件工程师、嵌入式软件工程师、硬件测试工程师、认证工程师、品质管理、FAE 工程师、采购、项目经理等。

出于对成本、周期和质量的考虑，比较常见的是其中 ID、结构、模具的部分外包给一家实力比较强的模具厂，嵌入式和互联网平台由自己研发，成品的生产和组装由代工厂负责、包装找一家包装厂进行设计和生产，认证部分找专业的检测代理机构。

这样看来，想要做一个智能硬件产品的团队人员数量至少需要软件产品项目的 2 倍。对于如此多的团队成员，管理项目的进度也是一大挑战。软件产品项目最大的成本也就是人力成本，而对于智能硬件项目来说人力只是成本的一部分，还有产品的模具和开发物料成本等。

3. 产品评审

产品评审环节要做的是：需求内容传达，把需求内容清晰地传达给项目团队中的每个人；需求方案决议，确定出一个各方干系人认可的产品方案；需求质量审核，接受运营、开发、测试、UI、投资者、市场等多方的挑战，发现需求的遗漏点、风险点。最终目标是确定产品方案、保证方案的质量、降低项目风险、确保后续实施阶段，项目能够按时按质完成。

产品评审到底如何开展呢？这就需要根据团队规模、结构、协作方式，建立适合团队的评审流程（对什么阶段开什么会，会议干什么、输出什么结果进行详细规划）。鞋子是否合适只有脚知道，流程之于团队也是一样，是不断调整改良的，最终在项目质量和效率之间找到合适的平衡点。

（1）产品内部评审

时间点：准备基本确定业务流程、功能点、核心功能的原型线框图等。

目标：明确功能优先级，评审业务流程设计的合理性。

参会方：包含产品、需求方、相关运营、项目经理、投资者。

评审内容：包括功能表、流程图、原型初稿。

（2）开发可行性评估

时间点：产品内部确定方案，输出全量功能的原型后。

目标：开发同学了解需求，评估技术可行性、提前设计架构。

参会方：包含产品、测试组长、开发组长、项目经理。

评审内容：包括功能列表、相关流程图、原型与需求文档。

（3）视觉、交互需求评审

时间点：开发确认需求可落地，视觉、交互设计师同步就可以进行需求评审。

目标：了解需求和业务流程，理清前端页面，确定工期。

参会方：包含产品、UI、项目经理。

评审内容：包括 UI 表（前端页面清单）、原型。

（4）开发终审

时间点：需求详细文档输出后。

目标：开发测试详细了解需求、UI 稿评审、评估开发量和排期。

参会方：包含产品、参与开发的全部人员、参与测试的全部人员、视觉、交互设计师、项目经理。

评审内容：包括功能列表、相关流程图、原型 & 需求文档详版、交互视觉设计稿。

6.5.3　开发阶段

1. EVT 阶段

EVT（Engineering Verification Test，工程验证测试）阶段，是产品开发初期的设计验证。许多产品刚设计出来仅为工程样本，问题很多，需要把可能出现的设计问题进行修正，要重点考虑设计完整度，是否有遗漏任何规格。该阶段包括功能和安规测试，一般由研发工程师对样品进行全面验证，由于是样品，问题可能较多，测试可能会做许多次。此阶段是针对工程原型机做验证，对象很可能是一大块开发板，或是很多块开发板，关键是要有足够时间和样品。通常，如果是新平台，需要花的时间和精力可能更多，会有很多问题要解决，甚至有很多方案要对比；而修改既有产品的话，这个阶段会简单很多。

这一阶段的重点是尽可能多地发现设计问题，以便及早修正，或者说这一阶段是设计可行性的验证。同时应检查是否有规格被遗漏。一般不会开模，但会做外观设计，通过 3D 打印的模型进行验证，DVT 阶段开始才是模具品验证。

2. DVT 阶段

DVT（Design Verification Test，设计验证测试）是硬件生产中不可缺少的一个检测环节，包括模具测试、电子性能、外观测试等。

上一阶段已经看到产品的雏形了，这一阶段要继续完成各部分的研发，包括模具、嵌入式软硬件和互联网平台，验证整机功能的完整性和设计的正确性，直至得出可以进入生产的结论。因为生产意味着更大的投入，所以，这将是最后的查错机会，需要把设计和制造的问题全部考虑几遍。

DVT 是研发的第二阶段，所有设计的思路和结论应该都已经完成了。这个时候会把产品机构的外壳加上来，另外电路板也要达到实际的尺寸大小，这样才可以把电路板整个放到机构外壳之中。这个阶段的机构外壳有可能只是拿一块大的树脂用激光雕刻所制作出来的样本而已，目的是在真正模具发包生产前，用来验证机构外壳的设计是否符合需求，因为真正的模具费用很贵，所以要先验证才能开模。这个阶段要验证整机的功能，重点是把设计及制造的问题找出来，以确保所有的设计都符合规格，而且可生产。

这时可开始进行包材的设计与生产了，包括外包装、内托和说明书，如果离真正出货时间还较远的话，可以先完成设计验证，等到量产时再进行生产。这个阶段会继续对结构模具和嵌入式软硬件进行优化调整，可能会经历多次试模或打板，直到通过整机验证达到可进入生产环节的标准。整机验证时需要按照生产标准进行组装和测试，并产生全面的测试报告，当然也要找真实用户使用产品，了解用户对产品外观结构、品质、功能上的感受和意见。

3. 整机验证

在产品经过多次测试验证后，模具进行了多次优化，就可以根据情况进行小批量的生产了，从而进行整机的综合测试。这个阶段主要是针对以下几个方面进行的测试和验证，并输出相关报告和生产指导书。

验证模具的质量：主要项目是考察生产出来的壳体是否有问题、抗跌落或其他测试否能通过，并对出现的问题进行修复优化。

对于电子部件开始进行小批量的 SMT（Surface Mounted Technology，表面贴装技术）生产：验证 PCBA（Printed Circuit Board Assembly，印制电路板装配）的质量，总结 SMT 的经验和问题，并进行优化改进以及产出生产和测试的方法。

外包装是否开始生产可视情况而定：若需要进行产品的内测，有条件的话可以进行小批量生产。

对产品的耐久性和稳定性等指标进行多方面测试，找出产品中隐藏的或者需要长时间运行才能发现的问题。

制定产品组装工艺和流程：在这个阶段需要组装多个产品，并对产品组装和生产工艺进行整理，输出产品生产指导书，指导工人生产和生产流程的设计。

4. PVT 阶段

PVT（Process Verification Test，生产过程验证测试）阶段属于硬件测试的一种，主要验证新机型的各功能实现状况并进行稳定性及可靠性测试。

上一阶段，产品的外观结构、嵌入式软硬件已经完成了，其依托的互联网平台也完成了对应的 1.0 版本。这一阶段将严格按照该产品生产时的标准过程来进行，包括仪器、测试工具、生产工具等都需要到位。测试得出的结论，是大规模生产的重要基础，包括工序是否太复杂，零部件是否容易损坏、烧录工具和产测工具是否好用等的考量。

这个阶段试产的目的是要做大量产前的制造流程测试，所以必须要生产一定数量的产品，而且所有的生产程序都要符合制造厂的标准程序。另外还要计算所有的治工具、测试治具及生产设备数量是否可以符合大量产的产能。

理想情况下，在 PVT 阶段，嵌入式、结构模具和互联网平台均已完成了，不需要任何调整，但也可能在小批量之前或过程中发现一些小问题，比如结构接合处不平整，按键手感不佳，硬件板框调整、某些元器件位置调整或替换等，需要重新进行小批量生产验证，直到达到量产要求为止。

小批量生产完成后，就可以进行相关的认证了，一般认证时间都比较长，可能 3~8 周，所以越早进行越好。

PVT 阶段完成后，需要对这一阶段进行总结评审，确认量产需要的模具、电路板与芯片、物料清单、生产作业指导书、零部件签样等。

6.5.4 测试阶段

测试阶段主要包括系统测试、接口测试和核心测试。

1. 系统测试

传统的 IT 系统都会做系统测试，智能硬件的系统测试可以参考 IT 系统测试。按照测试流程主要有需求分析、测试计划、测试用例及评审、冒烟测试、执行测试（若干轮）、回归测试、测试报告等步骤。主要测试的对象是以应用为核心，兼测试服务器及设备的功能。做好这部分的测试，产品 80% 的 bug 都能被发现。

2. 接口测试

传统 IT 系统的接口测试主要是 APP 和服务器的通信，以 HTTP 请求为主。但是智能硬件的服务器承载两个端的请求，一般来说硬件产品与服务器会建立一个 TCP/UDP 长连接，定时发送心跳包及其他通信内容包，另一端则是 APP 端的接口。

3. 核心测试

顾名思义，核心测试就是对产品的核心功能进行测试，保证核心功能的完善，这一测试非常重要。测试完成后，需要在原型测试报告中记录测试过程中的结果和问题。

6.5.5 MP 阶段

MP（Mass Production，量产）阶段意味着，试产基本没有什么问题，与制造厂也都应该磨合好了，下面就按照生产排期进行生产即可。不过在这个阶段中，还是需要相关人员进行驻场监督，以免出现问题不能得到及时有效的解决。

此阶段需要对产品的加工处理、员工的操作标准，以及质检的规范程度等方面进行有效的监督和保证，只有这样才可以保证产品不会出现质量问题。

在产品生产的过程中，产品经理需要开始编写产品维修手册，判断并准备相应的用于维修更换的部件，以备售后使用。

6.5.6　总结

作为 AI 产品经理，需要对 AI 技术有一定的了解，最基本的要求是要知道什么事情 AI 能做，什么事情 AI 不能做，对技术的能力有边界感，不然很难顺利地将用户需求转化为产品需求，然后更进一步，知道什么好做，什么不好做，以便更好地进行开发量的评估和模块的划分。

做互联网产品讲究敏捷，小步快跑，效率至上，做硬件虽然也讲究效率，但必须踏踏实实一步一步做好。硬件对品质要求需要把握三个关键点，首先是设计公司的工业设计水平，然后是选择靠谱的模具，最后找一家品控做得很好的组装工厂。任何一个环节出现问题都会对产品的质量有很大的影响。硬件产品相比互联网产品链条要长很多，需要打交道的角色也多很多，所以最好有一个比较懂硬件产品流程的人，不管是产品经理还是项目经理，对项目交付来说都是一个很好的保证。

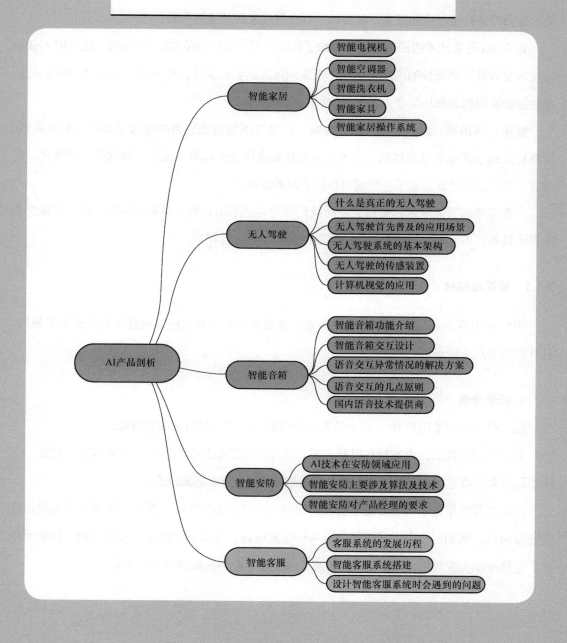

第 7 章
他山之石——典型 AI 产品剖析

AI产品剖析

智能家居
- 智能电视机
- 智能空调器
- 智能洗衣机
- 智能家具
- 智能家居操作系统

无人驾驶
- 什么是真正的无人驾驶
- 无人驾驶首先普及的应用场景
- 无人驾驶系统的基本架构
- 无人驾驶的传感装置
- 计算机视觉的应用

智能音箱
- 智能音箱功能介绍
- 智能音箱交互设计
- 语音交互异常情况的解决方案
- 语音交互的几点原则
- 国内语音技术提供商

智能安防
- AI技术在安防领域应用
- 智能安防主要涉及算法及技术
- 智能安防对产品经理的要求

智能客服
- 客服系统的发展历程
- 智能客服系统搭建
- 设计智能客服系统时会遇到的问题

7.1 智能家居

晚上回家推开门，从过道到客厅的灯依次亮起，窗帘自动合上，热水器的水开始升温，空调器开始运转，一切都仿佛顺其自然地发生。这就是智能家居带给用户的体验。

在 2019 年的 AWE（中国家电及消费电子博览会）上，包括华为、海尔、TCL、松下、美的在内的各路家电企业巨头，都展示了其在智能家居领域的布局。

如今 5G 通信技术的应用落地更是给了物联网更广阔的想象空间，Wi-Fi、蓝牙和 ZigBee 等技术突破及应用场景的增加，都能带来联网体验的明显提升，AI 和云计算技术突破更是把曾经智能家居的想象场景变为了可能。

插座、路由器、温控、电视机、音箱、门锁等围绕智能家居的垂直品类已经相对成熟。设备智能化部署成本越来越低，未来绝大部分新家居设备都将在线化、数据化、智能化，而当前，智能家居已经走进了一些前沿科技爱好者的家中。

一套完整的智能家居，必然会囊括我们日常起居所用到的各类家用电器以及门锁摄像头等周边设备，本节将对一些典型智能家居产品一个个进行剖析。

7.1.1 智能电视机

平台 + 内容 + 终端 + 应用的组合生态系统是各家公司对智能电视底层设计的基本架构，且具有以下几个特点。

1. 账号登录

账号登录可记录用户 ID，对于绘制用户画像，存储用户信息很有帮助。

登录电视系统后，电视就可以给当前登录用户推荐他想收看内容，智能推荐系统及千人千面展示就是建立在有完整用户画像及更多维度特性收集的基础上的。

所以账号登录是不同于传统电视机的智能电视机的必备功能。现在一般都是采用应用账号迁移做法，例如用小米账号可用登录一切小米设备，包括智能电视、智能冰箱、智能手机等。这样做能实现数据共用，记录的维度也就更多，推荐的精准度也就更高。

2. 推荐系统

推荐系统技术已经相当成熟，应用领域最好的就是资讯平台，所以推荐系统已经成为了智能电视的标配，尽管不同的平台使用不同的推荐系统，但是总的来说，几乎所有的推荐系统的架构都是类似的，都由线上和线下两部分组成。

线下部分包括后台的日志系统和推荐算法系统，线上部分就是用户看到的前台页面展示。线下部分通过学习用户资料和行为日志建立模型，在上下文背景之下，计算得出相应的推荐内容排序，呈现于线上页面中。展示给用户，通过用户的选择得到反馈，纠偏算法数据，实现数据的闭环流动，从而使得推荐更为准确。

3. 交互灵活

现在的智能电视机不仅支持遥控器交互，还支持语音输入功能，可用实现语音交互。有一些还支持手势交互，如图 7-1 所示。

图 7-1　智能遥控器

4. 外观扁平

现在的智能电视机一般都是无边框设计，正面几乎就是一块屏幕。无边框设计可以带来更高屏占比，打造更好的沉浸感，解放视野边界。

5. 功能创新

电视机作为客厅内的主要设备，可听可视，而且可以作为智能家居的中央控制系统。

现在智能电视机很多还具有如下的创新功能：

1）一键查看全屋智能设备：可实时查看全屋的智能设备的运行情况；

2）接收消息推送：屋内所有在线智能设备的消息推送、显示；

3）视频通话：可实现远程视频通话，大屏显示更清晰，可模拟 1∶1 真实聊天。

7.1.2　智能空调器

智能空调器的智能之处表现在拥有自动识别室温、自动调节输出风温以及根据室温自动控制开关的功能。简单来说，就是它能够根据外界气候以及室内温度情况进行自动识别，然后对温度进行控制调节。它还可以通过手机进行远程操控，在用户回家之前就能够提前将空调器开启。图 7-2 所示为某智能空调 APP 的界面。

图 7-2　某智能空调 APP 的界面

智能空调器还有以下功能：

1）互通互联：接入智能音箱或者智能电视机实现语音控制。

2）人体感知：具备人体感知能力，比如它能感知到人的存在、位置以及人数的多少，通过机器系统自身的计算调节，实现环境温度与人的最佳适配。

7.1.3 智能洗衣机

智能洗衣机现在可实现人们使用手机远程操控洗衣机运转，不管是用户在家还是外出，都可以提前启动或暂停洗衣程序，并能随时获知洗衣剩余时间，通过手机 APP 不仅能够操控洗衣机，还能随时掌握洗衣机的状态，如果洗衣机出现异常、洗涤剂不足等情况，手机会自动发送提示。

大部分智能洗衣机具有智能添加功能，就是对洗涤剂和柔顺剂进行自主智能添加，有些甚至能实现 1mL 精确投放。

7.1.4 智能家具

1. 感应灯

智能家居时代的照明方式之一就是微波感应壁灯了，目前，壁灯是安装在室内墙壁上辅助照明装饰灯具，其大多安装在阳台，楼梯，走廊过道以及卧室。为了杜绝电能的浪费，当人靠近感应壁灯的时候，壁灯亮起，当人离开感应壁灯的时候壁灯熄灭。微波感应壁灯利用微波感应自动开关电路，在壁灯附近形成微波电磁场，根据多普勒效应，当有人在壁灯附近走动时，壁灯附近的微波电磁场发生频移，当没有人在附近走动时，壁灯附近的微波电磁场不发生频移。根据这个原理，通过放大电路、比较电路和驱动电路的配合，将该频移或不频移的信号转化为光源的亮灭动作。

2. 智能床

智能床顾名思义就是具有智能化功能的床，它一般包括床体、床架、床垫整套产品，分为排骨架和床板，一般有 5 节排架调节。不同于传统的电动床，智能床是利用大数据跟传感器来控制干预床体的电动床，也能通过手机 APP 检测睡眠数据，分析睡眠质量。

有些高端智能床还具有家庭影院功能，除了常规的连接智能手机和电脑外，还能连接智能电视和游戏机，如图 7-3 所示，同时还可以设置电动遮光帘、闹钟叫醒服务，播报新闻等。

图 7-3　智能床

3. 智能茶几

智能茶几采用多点触控特殊感应技术，实现在桌面上同时接受多点或多用户的交互操作。依靠投射式电容和光学传感技术，可支持多人同时互动、交流，有些商用产品还内置智能点餐系统，手机"扫一扫"就可以完成支付。

4. 智能摄像头

智能摄像头是物联网加云应用技术的典型设备，基于该技术，手机和摄像头之间可以建立通信，这意味着摄像头必须具备联网条件（Wi-Fi 或 3G/4G/5G 网络），用户可以通过手机随时查看摄像头拍摄的画面。

另外，当摄像头的监控区域出现物体位移情况时，摄像头除了能主动向手机发送报警信息和启动云录像功能外，还会通知用户关注，从而实现全天候的不间断监控。

要想实现家庭 24 小时全天候监控，智能摄像头还必须满足夜晚暗光或弱光环境下的拍摄需求，所以红外夜视拍摄功能也是智能摄像头的必备功能。

以上这些还只是简单的功能，随着现在视频处理技术发展，相应的视频数据会更多地被应用起来，接入智能家居系统后，这些视频数据会很大程度地提高整个家居的智能化程度。

5. 智能门锁

智能门锁是将集成电路设计、电子技术、锁体的机械设计、内置软件卡、计算机网络技术、网络报警等综合起来的新一代安防的产品。

智能门锁具有虚位密码功能技术，即在登记的密码前面或后面，可以输入任意数字作为虚位密码，可有效防止登记密码泄露，同时又可开启门锁，如图 7-4 所示。

另外，智能锁内置嵌入式处理器和智能监控设备（如智能摄像头），具备与房客之间任何时间的互通互动能力，可以主动视频汇报当天访客情况，同时，户主能够远程控制智能锁为来访的客人开门。

图 7-4　智能门锁

目前，家用智能门锁的开门方式主要有密码、指纹、感应卡、遥控器、机械钥匙等几种。

7.1.5　智能家居操作系统

智能家居主要子系统有：布线系统、家庭网络系统、控制管理系统、照明控制系统、电器控制系统、安防监控系统、窗帘控制系统、背景音乐系统、视频共享系统，家庭影院与多媒体系统、家庭环境控制系统等。

应用整套系统，可以想象，清晨，我们在轻柔的音乐自动响起并逐步增大的音量中起床，同时窗帘自动打开，早餐开始自动烹饪，新闻开始按预定播放；离家出门，不必再担心灯还没关，大门还没锁，因为在开车上路的时候，只需在手机上轻触远程控制界面，智能家居系统会做好这一切，同时安防系统自动布防，一旦出现异常智能侦测，煤气漏了、发生火灾了、有人闯入了，系统将自动及时地通报到小区的管理中心，并将现场情况通过信息发送到我们面前；

回到家中，随着门锁被开启，安防系统自动解除室内警戒，廊灯缓缓点亮，空调、新风系统自动启动，背景音乐轻轻奏起；在家中，只需一个遥控器就能控制家中所有的电器；每天晚上，所有的窗帘都会定时自动关闭，入睡前，床头边的面板上，触动"晚安"模式，就可以控制室内所有需要关闭的灯光和电器设备，同时安防系统再次自动开启处于警戒状态……

这就是一套完整的智能家居系统可以帮我们实现的，如果按照家中不同的功能区来划分，智能家居系统可以分为 7 个部分，如图 7-5 所示。

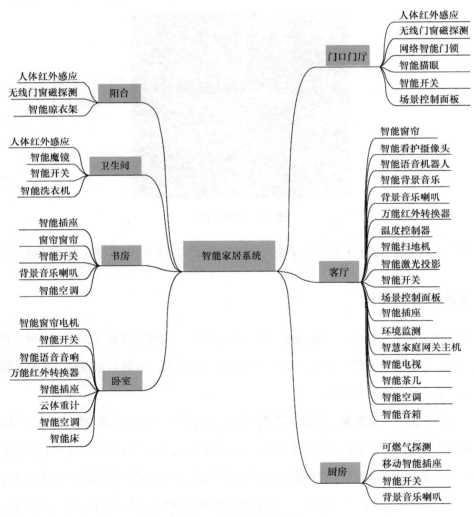

图 7-5　智能家居系统

7.2 无人驾驶

在 2017 年 7 月 5 日的百度 AI 开发者大会上，百度创始人、董事长兼首席执行官李彦宏乘坐公司研发的无人驾驶汽车行驶在北京五环路；2019 年，滴滴网约自动驾驶车亮相世界人工智能大会。可以说，无人驾驶，已经"上路"了。

7.2.1 什么是真正的无人驾驶

什么是无人驾驶，自动巡航算是无人驾驶吗？

真正的无人驾驶是汽车自动驾驶，是指让汽车自己拥有环境感知、路径规划功能并且实现车辆自主控制的技术，也就是用信息电子技术控制汽车进行的仿人驾驶。

美国汽车工程师协会（Society of Automotive Engineers，SAE）根据车辆控制系统对于车辆操控任务的把控程度，将自动驾驶技术分为 L0~L5 六个级别，L0 无自动化功能，在目前的新闻报道中，车厂会强调他们在 L2~L3 辅助驾驶系统的成果；科技创业公司则会强调 L4 是完全不同于 L2~L3 的新物种。L2~L3 自动驾驶，驾驶员必须在驾驶座上，随时准备接管操控；L4 自动驾驶则不需要驾驶员，在限定环境中真正做到"无人"驾驶；而 L5 是指无人驾驶的最高级别，在任何场景任何天气下，都不需要人来操控，见表 7-1。

表 7-1　自动驾驶等级定义

自动驾驶分级机构		名称	定义	驾驶操作	周边监控	接管	应用场景
NHTSA	SAE						
L0	L0	人工驾驶	由人类驾驶员全权驾驶汽车	人类驾驶员	人类驾驶员	人类驾驶员	无
L1	L1	辅助驾驶	车辆对方向盘和加减速中的一项操作提供驾驶，人类驾驶员负责其余的驾驶动作	人类驾驶员和车辆	人类驾驶员	人类驾驶员	
L2	L2	部分自动驾驶	车辆对方向盘和加减速中的多项操作提供驾驶，人类驾驶员负责其余的驾驶动作	车辆	人类驾驶员	人类驾驶员	限定场景
L3	L3	条件自动驾驶	由车辆完成绝大部分驾驶操作，人类驾驶员需保持注意力集中以备不时之需	车辆	车辆	人类驾驶员	

（续）

自动驾驶分级机构		名称	定义	驾驶操作	周边监控	接管	应用场景
NHTSA	SAE						
L4	L4	高度自动驾驶	由车辆完成所有驾驶操作，人类驾驶员无需保持注意力，但限定道路和环境条件	车辆	车辆	车辆	限定场景
	L5	完全自动驾驶	由车辆完成所有驾驶操作，人类驾驶员无需保持注意力	车辆	车辆	车辆	所有场景

7.2.2 无人驾驶首先普及的应用场景

高度自动化驾驶将会让行车更安全，而且也有助于提升人们的生活或工作效率。同时，自动驾驶带来共乘共享的机制还能让车辆减少，都市的交通拥堵和污染问题也能大大缓解。

无人驾驶能够首先商业化场景有以下三类：

1. 无人驾驶出租车

无人驾驶出租车（Robotaxi）是无人驾驶出行中最核心的商业化落地场景之一，这也是现在滴滴等公司的研究方向。

2. L2 辅助驾驶 +L3 自动驾驶

日常出行中，高速路、封闭环路上的驾驶往往占据了驾驶员大部分的出行时间。由于高速路、封闭环路的场景相对单一，所需要面临的突发状况相比于无人驾驶出租车少很多，只需要解决从上匝道到下匝道期间汽车的自动驾驶问题即可，因而成为众多 Tier1 厂商和无人驾驶科技公司的发力方向。

3. 智能代客泊车

相信很多驾龄不短的司机都有过"开车五分钟，停车两小时"的可怕经历。很多时候，面对只有零星几个空车位的停车场，驾驶员们全靠运气找车位，有时候找到了空车位，但周围的车停得不规范，导致入口太窄，想停进去很难不碰到周围的车，只能继续寻找其他车位。

面对消费者找车位难、停车难、取车难的这些痛点，智能代客泊车（Automated Valet Parking，AVP）成为无人驾驶重要的应用场景。相比于高速自动驾驶来说，低速的智能泊车系统可以不用配备成本较高传感器，比如毫米波雷达或激光雷达，实现成本相对较低。

7.2.3　无人驾驶系统的基本架构

无人驾驶系统的核心可以分为三层：感知层、决策层和执行层。

1. 感知层

感知层主要是通过各种传感器以及高精度地图实现，包含车辆的定位以及对物体的识别。

车辆的定位主要是通过光学雷达（LiDAR）、GPS、惯性传感器、高精度地图等信息进行综合，从而得出车辆的准确位置，其定位精度甚至可达厘米级别；

物体的识别主要采用光学雷达以及双目摄像头实现；

2. 决策层

决策层的输入包括感知层的信息、路径的规划以及执行层反馈回来的信息，通过增加学习算法下发决策指令。

决策指令包含：跟车、超车、加速、制动、减速、转向、调头等。

3. 执行层

根据决策层下发的指令，控制层对车辆实施具体的控制，其中包括：节气门的控制、制动的控制、方向盘的控制以及挡位的控制。

综上所述，无人驾驶系统的架构如图 7-6 所示。

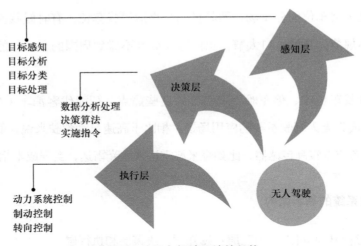

图 7-6 无人驾驶系统的架构

7.2.4 无人驾驶的传感装置

1. 摄像头

摄像头主要用于车道线、交通标示牌、红绿灯以及车辆、行人等的检测，特点是检测信息全面、价格便宜，但会受到雨雪天气和光照等因素的影响。

摄像头由镜头模组、滤光片、CMOS/CCD 组件、ISP（Image Signal Processor，图像信号处理器）组件、数据传输部分组成。光线经过光学镜头模组和滤光片后聚焦到传感器上，通过 CMOS 或 CCD 集成电路将光信号转换成电信号，再经过 ISP 转换成标准的 RAW、RGB 或 YUV 等格式的数字图像信号，通过数据传输接口传到计算机端。

2. 光学雷达

光学雷达是一类使用激光进行探测和测距的设备，它能够每秒钟向环境发送数百万光脉冲，它的内部是一种旋转的结构，能够实时地建立起周围环境的三维地图。

光学雷达使用的技术是飞行时间（Time of Flight）法，根据光线遇到障碍的折返时间计算距离。为了覆盖一定角度范围，需要进行角度扫描，扫描原理有许多种，主要分为：同轴旋转、棱镜旋转、MEMS 扫描、相位式和闪烁式等。光学雷达不仅用于感知，也应用于高精度地图的测绘和定位，是公认 L3 级以上自动驾驶必不可少的传感器。

3. 毫米波雷达

毫米波雷达主要用于路上交通车辆的检测，检测速度快、准确，不易受到天气影响，对车道线交通标志等无法检测。

毫米波雷达由芯片、天线组成，并配合相应的算法，基本原理是发射一束电磁波，通过回波与入射波的差异来计算距离、速度等。检测精度的衡量指标为距离探测精度、角分辨率、速度差分辨率。毫米波主要分为 77GHz 和 24GHz 两种，频率越高，带宽越宽，精度越高。

4. 组合导航

组合导航指的是 GNSS（Global Navigation Satellite System，全球导航卫星系统）板卡融合 INS（Information Network System，信息网络系统）的信息之后组合起来的导航系统。GNSS 板卡是一款小体积、高可靠、高集成度的卫星高精度定位定向接收机 OEM 板卡，支持基于 BDS/GPS/GLONASS 三系统六频点的实时动态高精度定位和定向。GNSS 板卡通过天线接收所有可见 GPS 卫星和实时动态信号后，进行分析和计算得到自身的空间位置。当车辆由于信号受遮挡而不能实施导航，比如通过隧道或行驶在高耸的楼群间的街道时，就需要融合 INS 的信息，INS 具有全天候、完全自主、不受外界干扰、可以提供全导航参数（位置、速度、姿态）等优点。经验证，这样的组合导航能达到比两个独立导航系统运行的最好性能还要好的定位测试性能。

7.2.5 计算机视觉的应用

无人驾驶系统的摄像头会采集到图像数据，图像可以包含丰富的颜色信息，可以识别各种精细的类别，但是在黑暗中无法使用；激光可以在黑暗或强光中使用，但是雨天无法正常工作。目前不存在一种传感器可以满足不同的使用场景，所以业界通常会通过传感器融合的方式来提高准确率，弥补各自的缺点。

由于摄像头数据（图片）包含丰富的颜色信息，所以对于精细的障碍物类别识别、信号灯检测、车道线检测、交通标志检测等问题就需要依赖计算机视觉技术。无人驾驶中的目标检测与学术界中标准的目标检测问题有一个很大的区别，就是距离的检测。无人车在行驶时只知道前面有一个障碍物是没有意义的，还需要知道这个障碍物的距离，也就是这个障碍物的三维坐标，这样在作决策规划时，才可以知道要用怎样的行驶路线来避开这些障碍物。

通过双目摄像头采集的图像，根据摄影测量学或者计算机视觉理论原理，能够自动或者半自动地计算出三维的点云信息，通过这些点云信息就可以构建数字模型。为了理解点云信息，通常来说，对点云数据的操作分为两步：分割（Segmentation）和分类（Classification）。其中，分割是为了将点云图中离散的点聚类成若干个整体；分类则是区分出这些整体属于哪一个类别（比如行人、车辆以及障碍物）。

分割算法可以被分类如下几类：

1）基于边的方法，例如梯度过滤等；

2）基于区域的方法，这类方法使用区域特征对邻近点进行聚类，聚类的依据是使用一些指定的标准（如欧几里得距离、表面法线等），这类方法通常是先在点云中选取若干种子点（seed points），然后使用指定的标准从这些种子点出发对邻近点进行聚类；

3）参数方法，这类方法使用预先定义的模型去拟合点云，常见的方法包括随机样本一致性方法（Random Sample Consensus，RANSAC）和霍夫变换（Hough Transform，HT）；

4）基于属性的方法，首先计算每个点的属性，然后对属性相关联的点进行聚类；

5）基于图的方法；

6）基于机器学习的方法；

分割技术在无人驾驶中比较主要的应用是可行驶区域识别。可行驶区域可以定义成机动车行驶区域，或者当前车道区域等。由于这种区域通常是不规则多边形，所以分割是一种较好的解决办法。与检测相同的是，这里的分割同样需要计算这个区域的三维坐标。

对于距离信息的计算有多种计算方式：

1）激光测距，也就是光雷达的用途，原理是根据激光反射回的时间计算距离。这种方式计算出的距离是最准的，但是计算的输出频率依赖于激光本身的频率，一般激光是 10Hz；

2）单目深度估计，原理是输入是单目相机的图片，然后用深度估计的 CNN 模型进行预测，输出每个像素点的深度，这种方式优点是频率可以较高，缺点是估出的深度误差比较大；

3）结构光测距，原理是相机发出一种独特结构的结构光，根据返回的光的偏振等特点，计算每个像素点的距离，这种方式主要缺点是结构光受自然光影响较大，所以在室外难以使用；

4）双目测距，原理是根据两个镜头看到的微小差别，根据两个镜头之间的距离，计算物体的距离。这种方式缺点是计算远处物体的距离误差较大。

5）根据相机内参计算，原理跟小孔成像类似，图片数据中的每个点可以根据相机内参转化为空间中的一条线，所以对于固定高度的一个平面，可以求交点计算距离，通常应用时，固定平面使用地面，即可以知道图片中每个地面上的点的精确距离。这种计算方式在相机内参准确的情况下精度极高，但是只能针对固定高度的平面。

近年来，随着深度学习技术的突破，基于图像和深度学习的感知技术在环境感知中发挥了越来越重要的作用；借助 AI，自动驾驶早已不再局限于感知障碍物，而逐渐变成理解障碍物是什么，从而理解场景，甚至预测目标障碍物的行为，使无人驾驶的安全系数更高。

尽管无人驾驶技术起源于美国，现在国内也是如火如荼，但是中美两国的商业化落地走了不一样的两条路，美国公司更注重整体通用性，中国公司们则多在研究低速、场景化的无人驾驶实现路径。

7.3 智能音箱

智能音箱是智能家居产品中普及最早、用户最多的产品，因此将其单作为一节来进行介绍与分析。

7.3.1 智能音箱功能介绍

智能音箱是当下增长迅猛的智能硬件，其市场已然红海，2019 年全球智能音箱出货量近 1.5 亿部，目前智能音箱已经拥有非常丰富的功能了，但是对于智能音箱整体的行业来说，智能音箱依然处于初级阶段，最常用的功能还是听音乐，其他方面还需要进一步的完善，才能真正应用于日常生活。目前市场上的应用智能音箱主要使用的功能如下。

1. 音频播放

音箱作为一种播放载体，自然离不开内容的支撑，而对于智能音箱来说，内容不再仅仅只是音乐一种，而是包括各类有声资源，如读书会、播客电台等。

2. 智能家居控制

智能音箱一直被看作是未来的家庭智能控制终端，它将会作为一个万能的语音遥控器，控制灯光、窗帘、电视、空调、洗衣机、电饭煲等智能家居设备，对智能家居来说，仅仅使用手机 APP 操控并不符合物联网的最终概念，语音交互才是理想模式。这个功能的实现还需家居设备支持，不过现在智能家居设备还未普及，智能音箱的控制终端之路还很漫长。

3. 生活服务

生活服务也是智能音箱非常重要的一项功能，可以通过与支付宝口碑、滴滴出行等第三方应用的合作，提供查询周边地点、餐厅促销信息、路况、火车票、飞机票、酒店等信息，可以在不打开手机的情况下，进一步方便人们的生活。

4. 查询工具

不少智能音箱还配备了一些非常有用的小工具，比如具有计算器、单位换算、天气预报、新闻播报等工具，并且与人们常用的智能手机进行比较，只需"动一下嘴"自然会更方便。

现有的国产智能音箱，基本采用如下架构：

- 降噪：专门的 DSP 芯片；
- 主控：Android 平台；
- 语音识别、语义识别、语音合成模块放在云端；
- 控制和显示在本地。

7.3.2 智能音箱交互设计

一次完整的语音交互，包含下述的步骤：

声音采集→降噪→语音唤醒→语音转文字→语义理解→回复文字和指令→文字转声音 TTS →播放声音

1. 降噪

降噪一般指的是回声消除（Acoustic Echo Cancellation，AEC），通过麦克风阵列，判断人在哪个方向，增强那个方向的拾音效果。还可以在本机播放音乐的时候，滤除麦克风接收的本机音乐，使得智能音箱在播放音乐的时候也能被唤醒。这样可以在 5m 之外就能听到人在说话，足够一间房间使用了，目前产品一般采用双麦克风降噪、7 麦阵列之类的。国内做得比较好的是科大讯飞，国内现在有几十家公司在做语音降噪算法。

2. 语音唤醒

通过设置激活词来唤醒音箱，例如"天猫精灵""小爱同学"等。

为什么唤醒词普遍是 4 音节？这是因为音节越短，误唤醒的问题就会越严重。

对误唤醒问题的压制是行业难题，除了模型优化，另一种普遍的做法是进行云端二次校验，再决定本地是否响应，但是是唤醒响应时间会被拉长。一般设备的唤醒检测模块都是放在本地，这是为了可以快速响应。

还可以从产品策略入手，一般白天偶尔的误唤醒，用户都是可以理解的，但是，如果是晚上睡觉时发生误唤醒，用户则会比较愤怒。因此压制晚上的误唤醒更加重要，虽然带来的问题是设备在晚上唤醒的敏感度也同步降低，但是整体来看还是可以接受的。

3. 语音转文字

语音转文字的过程涉及语音识别（Automatic Speech Recognition，ASR）技术，用于将声学语音进行分析，并得到对应的文字或拼音信息。

语音识别系统构建过程整体上包括训练和识别两大部分。训练过程通常是离线完成的，对预先收集好的海量语音、语言数据库进行信号处理和知识挖掘，获取语音识别系统所需的"声学模型"和"语言模型"；识别过程通常是在线完成的，对用户实时的语音进行自动识别。

利用训练好的声学模型和语言模型，对用户说话的特征向量进行统计模式识别（又称"解码"），得到其包含的文字信息，声学模型可以理解为是对发声的建模，它能够把语音输入转换成声学表示的输入，更准确地说是给出语音属于某个声学符号的概率。语言模型的作用可以简单理解为消解多音字问题，在声学模型给出发音序列之后，从候选的文字序列中找出概率最大的字符串序列。

此外，语音识别系统里还存在一个"自适应"的反馈模块，可以对用户的语音进行自学习，从而对声学模型和语音模型进行必要的"校正"，进一步提高识别的准确率。为了提供特定内容的识别率，数据库一般都会提供热词服务，配置的热词内容实时生效，提升识别权重，在一定程度上提高语音识别的准确率。

4. 语义理解

语义理解的过程也就是自然语言处理（NLP），用于将用户的指令转换为结构化的、机器可以理解的语言。其工作逻辑是：将用户的指令进行 Domain(领域) → Intent(意图) → Slot(词槽) 三级拆分。以"帮我设置一个明天早上 8 点的闹钟"为例：该指令命中的领域是"闹钟"，意图是"新建闹钟"，词槽是"明天 8 点"。

5. 回复文字和指令

处理自然语言处理界定的用户意图，做出符合用户预期的反馈。回复相应的文本内容或者启动相应的功能模块。

6. 文字转声音

文字转声音即语音合成（Text to Speech，TTS），也就是让机器说话。这个相信读者都很熟悉了，不管是机械感强烈的讯飞，还是越来越俏皮的 siri，或是高德地图的"志玲姐姐"声音，都是依靠语音合成，把文字变成声音的。

语音合成在业内普遍使用两种做法：一种是拼接法，一种是参数法。拼接法就是从事先录制的大量语音中，选择所需的基本发音单位拼接而成；参数法使用统计模型来产生语音参数并转化成波形。

7.3.3 语音交互异常情况的解决方案

1. 未检测到语音

当智能音箱询问用户后，如果出现未检测到用户回复的语音，系统没有接收到的情况，可以设计让音箱直接询问"对不起，我没有听清你说的话，你能再说一遍么？"来再次采集声音。但是一般只询问一次，如还是没检测到，可以答复"我就静静地守着你，等着你的回复"。

2. 检测到语音，但没有识别

这种情况的处理方式和未检测到语音基本是一样的。

3. 延迟提醒

在交互中，一般用户等待的时间是 7s，当用户询问等待回答的时间超过这个阈值，用户就会怀疑是不是系统出问题了，因此一般解决方法是回复"请稍等"，让用户知道设备还在进行运作和查找。

4. 帮助功能

帮助功能能够在一定程度上消除用户的"恐慌"。比如，询问智能音箱有关使用上的问题，它会告诉用户它能做些什么。比如："我的设备怎么样链接你的蓝牙？"音箱则回复："好的，长按……"也就是说，预先设置好内置的可检索的使用手册和一般问题解决方案。

7.3.4 语音交互的几点原则

1. 语言交互应当是省时、高效的

交流越高效，交流时间越短，用户的体验会更好。

2. 语言交互应当是简短的

对于用户的提问，智能语言设备只需要告诉用户关键信息即可，不要过于冗余。举个简单的例子：购物 APP 的商品表现形式，一般都是把名称和价格放在主要的位置，把详情放进下一级页面。采用尽可能简短的表现形式，让用户直接获取到他想要的。因此在语言交互上，也应秉持这一原则，当然对用户的了解和洞察都是需要经验的积累的。

3. 语言交互应当是能够被随时打断的

举个例子，用户："明天的天气怎么样？"

设备："明天 ×××（地方）的气温 19℃，小雨，适合穿……"

用户可能只是想知道气温而已，这时候我们是需要做到可以被用户打断，而不是"执拗"的把话说完，如果一直说下去，不允许用户打断，用户的请求没有被回应，这时候用户会产生反感心理。

4. 语言交互应当是能够链接上下文语境的

这是目前很多智能语音设备体验上没有那么好的地方，也就是前文讲过的设备进行多轮对话的能力，当然如果要设定多轮对话，交互情景将会更加繁多，需要考虑的可能性也会更佳复杂。

7.3.5 国内语音技术提供商

1. 科大讯飞

1）基本信息：科大讯飞公司成立于 1999 年，是目前国内最大的智能语音技术厂商，在智能语音技术领域有着长期的研究积累，并在中文语音合成、识别、评测等多项技术上拥有国际领先的成果，堪称"中文语音产业国家队"。

科大讯飞占有中文语音技术市场 70% 以上市场份额，语音合成产品市场份额达到 70% 以上。

2）开放情况：讯飞开放平台是全球首个提供移动互联网智能语音交互能力的技术平台，

基于讯飞开放平台的产品有讯飞输入法、灵犀语音助手、AI+ 教育、AI 客服、AI 医疗（语音电子病历、医学影像辅助诊断系统、智能助理等）、晓译翻译机、飞鱼智能车载系统、家庭场景的讯飞魔飞麦克风系统等。

3）应用范围：科大讯飞的语音交互技术目前支持 34 种语言，包括各地中文方言，目前已应用于长虹、海信、康佳等国内品牌智能电视，GlassX、ZWatch 等可穿戴设备，奥迪、宝马、奔驰、通用、福特、上汽、广汽、长安、吉利、长城、奇瑞等国内外车载智能系统，智能音箱（京东叮咚音箱）、聊天机器人（小鱼在家）等智能硬件产品，窗帘、空调等智能家居产品，为包括滴滴打车、高德地图、QQ 阅读等在内的超过 60000 个 APP 提供智能语音交互服务。

2. 百度 DuerOS · 小度

1）基本信息：DuerOS 是百度出品的对话式 AI 系统，于 2017 年 7 月百度 AI 开发者大会上正式发布。DuerOS 具备影音娱乐、信息查询、生活服务、出行路况等 10 大类目共 200 多项能力，用户可在不同场景下实现指令控制、信息查询、知识应用、寻址导航、日常聊天、智能提醒和多种 O2O 生活服务；同时支持第三方开发者的能力接入。

2）开放情况：DuerOS 开放平台包括智能设备开放平台和技能开放平台，分别适应不同类型的硬件厂商和开发者。为方便"上手"，百度发布了针对个人、产品厂商、特殊厂商的 DuerOS 套件，并融合包括声智科技、先声互联、Intel、Rockchip 等第三方解决方案，上线了技能商店 APP "小度之家"。

3）应用范围：DuerOS 支持普通话、英语、粤语、四川话等多种语言，已赋能智能音箱、电视、冰等大小家电与智能家居产品，智能手机、手表等随身设备，车机、智能后视镜等智能车载产品，累计搭载 5000 万设备，日活超过 1000 万，有 1600 万 DuerOS 合作伙伴，落地 80 多家主控设备，积累了超过 10000 名 DuerOS 开发者，DuerOS 累计回答问题数已达 24 亿。

3. 小爱开放平台 · 小爱同学

1）基本信息：小爱开放平台（原小米水滴平台）于 2017 年 5 月对外开放语音能力与

SDK，基于小米的硬件生态和海量数据，提供语音识别、NLP 等多项 AI 技术，为开发者提供一站式的 AI 服务。

2）应用范围：小爱开放平台能力已在小米电视、小米 AI 音箱、小米金服"米小贝"等小米软、硬件产品中集成，为小米生态链中 8500 万台物联网连接设备赋能，虚拟助手小爱同学的日活跃用户也达 1000 万。

4. AliGenie 语音开发者平台·天猫精灵

1）基本信息：AliGenie 开放平台于 2017 年 10 月 12 日在阿里云栖大会发布，是由阿里巴巴人工智能实验室发起的，面向企业 / 机构 / 创业者 / 开发者，将阿里巴巴在 AI 领域积累的技术以 API 或 SDK 等形式对外共享的在线平台，目前已经拥有涵盖影音娱乐、新闻资讯、购物外卖、家居控制、生活助手、儿童教育等的 100 多项技能。

2）应用范围：AliGenie 开发者平台主要包括三大部分：精灵技能市场、硬件开放平台、行业解决方案，全面赋能智能家居、制造、零售、酒店、航空等服务场景。

5. 腾讯云·小微

1）基本信息：腾讯的微信 AI 团队自 2012 年起，就将语音输入、语音识别、语义分析技术等功能应用到微信中，腾讯云小微将微信的语音技术作为底层能力，故命名为"小微"，于 2017 年 6 月腾讯"云 + 未来"峰会上正式对外发布。

2）应用范围：腾讯云小微包括硬件开放平台、Skill 开放平台、服务机器人（智能客服）平台，结合腾讯社交关系链，覆盖家庭、车载、运动、酒店和儿童陪伴教育等众多场景。

6. 思必驰·DUI 开放平台

1）基本信息：思必驰公司 2007 年成立于英国剑桥，创始人均来自剑桥大学，2008 年回国落户苏州，是国内少有的拥有人机对话技术、国际上极少数拥有自主产权的中英文综合语音技术的公司之一。思必驰于 2017 年 9 月正式发布 DUI（Dialogue User Interface）开放平台，以任务式对话为核心，兼具闲聊与问答功能，打造人性化交互。作为一个全链路智能对话开放平台，DUI 开放基于思必驰智能语音语言技术的对话功能，并提供 GUI 定制、版本管理、私有云部署等开发服务。

DUI 平台具备青囊（服务与研发支撑）、天机（大数据）、紫微（丰富的第三方资源）、玲珑（终端解决方案与环境）四大系统。开发者通过 DUI 可实现全链路的高度定制，几乎可自定义每个模块。

2）应用范围：DUI 平台已覆盖车载、家居、机器人、故事机、手机助手等多应用场景，提供智能车载、智能家居、智能机器人等解决方案，天猫精灵 X1、小米 AI 音箱小爱同学、联想智能音箱、小米板牙 70 迈智能后视镜等智能产品中都采用了思必驰的技术。

7. 出门问问

出门问问是谷歌投资的一家中国 AI 公司，由硅谷华人科学家李志飞于 2012 年回国创立。拥有自主研发的语音识别、语义分析、垂直搜索、基于视觉的 ADAS 和机器人 SLAM 等核心技术。代表性的软硬件产品包括智能手表 TicWatch、车载智能后视镜 Ticmirror 及高级驾驶辅助系统问问魔眼 Ticeye、智能音箱 Tichome、出门问问语音助手 APP 等。

8. 猎户星空

猎户星空（Orion Star）公司成立于 2016 年，核心产品是智能服务机器人，其拥有全套远场语音技术，自研了全链路的远场语音交互系统"猎户语音 OS"，已应用在喜马拉雅"小雅"音箱，美的、海尔、博联、海尔优家、欧瑞博等品牌的智能家居产品上。小米 AI 音箱、小米电视，也应用了猎户星空的 TTS 技术以及 ASR 技术。猎户星空自己音箱产品小豹 AI 音箱，接入微信支付、银联支付、融合区块链技术。

2017 年猎户星空还获得了有人脸识别"世界杯"之称的微软百万名人识别竞赛识别百万名人子命题有限制类（只使用竞赛提供数据）的第一名。

2018 年猎户星空正式发布了 AI 领域的机器人产品矩阵，在接待、售卖、儿童陪伴等多个场景落地。同时发布了猎户机器人平台 Orion OS，集合了自研的多芯片系统、摄像机 + 视觉算法、麦克风阵列、猎户 TTS、室内导航平台和七轴机械臂等，形成了完整的智能机器人技术链条。

7.4 智能安防

现如今，智能化安防技术与计算机网络技术之间的界限正在逐步消失，安防产品的应用领域逐步扩展到金融、房地产、运输服务等行业。21 世纪以后，视频监控产品向数字化、高清化、网络化和智能化的趋势发展，在应用层面上也开始向社会化安防产品及民用市场方向深耕。近些年，AI 技术在安防市场上得到了大规模落地与应用，推动着传统安防产业进化和革新。

7.4.1 AI 技术在安防领域应用

在安防产业链中，硬件设备制造、系统集成及运营服务是产业链的核心，渠道推广是产业链的"经脉"。未来安防产业的运营升级势在必行，通过物联网、大数据与 AI 技术提供整体解决方案是众多企业的发展趋势。安防系统每天产生的海量图像和视频信息造成了严重的信息冗余，识别准确度和效率不够，并且可应用的领域较为局限，在此基础上，智能安防开始落实到产品需求上。算法、算力、数据作为智能安防发展的三大要素，在产品落地上主要体现在视频结构化、生物识别、物体特征识别，典型的应用有以下几类。

1）人体分析：即人脸识别、体态识别、人体特征提取等。例如人脸验证：登录验证金融小额支付等；静态人脸比对：根据嫌疑人照片在黑名单中进行比对检索；动态人脸比对：监控中人员与公安库中人员做配对等。

2）图像分析：即视频质量诊断、视频摘要分析等。例如公安图侦：实战中的特定线索快速检索（例如搜索红色外衣背着书包的小孩失踪视频检索）。

3）车辆分析：即车牌识别、车辆识别、车辆特征提取等。例如可疑车辆快速检索、驾驶员是否系安全带或打电话行为识别等。

4）行为分析：即目标跟踪监测、异常行为分析等。例如人员检测、越界、快速移动等。能够对视频中经过的人员进行检测是否有行人或车辆进入，检测是否有可疑人物在指定区域内快速移动，是否有物品遗留在敏感区域，在指定区域是否有打架斗殴事件等。

7.4.2 智能安防主要涉及的算法及技术

1）卷积神经网络（CNN）：CNN 及其相关技术的应用解决了计算机如何"看世界"的问题，而智能安防产业的首要数据来源便是图像和视频，智能识别技术完美契合安防场景，将识别应用从主动识别固定对象提升到被动识别随机对象上。

2）安全哈希算法：哈希算法是一类数学函数算法，又被称为散列算法。哈希算法需具备一些基本特性，就是输入可为任意大小的字符串，产生固定大小的输出；它能进行有效计算，也就是能在合理的时间内就能算出输出值。安全哈希算法是网络安全的基础，防止中间人攻击或网络钓鱼攻击。

3）RSA 算法：RSA 算法是一种公钥加密算法。相比其他的算法，RSA 算法思路非常清晰，但是想要破解的难度非常大。RSA 算法基于一个非常简单的数论事实：两个素数相乘得到一个大数很容易，但是由一个大数分解为两个素数相乘却非常难。RSA 算法是 1977 年由罗纳德·李维斯特（Ron Rivest）、阿迪·萨莫尔（Adi Shamir）和伦纳德·阿德曼（Leonard Adleman）一起提出的。1987 年首次公布，当时他们三人都在麻省理工学院工作。RSA 就是他们三人姓氏开头字母拼在一起组成的。RSA 是目前最有影响力的公钥加密算法，它能够抵抗到目前为止已知的绝大多数密码攻击，已被 ISO 推荐为公钥数据加密标准。

4）四叉树算法：四叉树是一种直观的空间分区结构，它们通过将数据空间递归地划分为象限，进而实现在庞大的数据中搜索目标对象。该算法是 H.264 和 H.265 视频编码标准的基础，可以实现特定码率对高画质数字图像的传送。

5）深度学习技术：在图像分析方面，比如人们熟悉文字识别和大规模图像分类等，深度学习技术大幅提升了复杂任务分类的准确率，使得图像识别、语音识别以及语义理解准确率大幅提升。在人脸检测方面，深度学习可以实现人脸识别、人脸关键点定位、身份证对比聚类以及人脸属性、活体检测等；在智能监控方面，深度学习可以做人、机动车、非机动车视频结构化研究，较之以往的传统智能算法，在解决视频结构化和人脸识别等方面更具优势，比如视频结构化，能把视频里面的人、机动车、非机动车及其特性都检测出来，并且自动标注出来，这样整个视频就变成了文档，可以进行文档性的搜索。随着深度学习算法研究的不断深入，目标识别、物体检测、场景分割、人物和车辆属性分析等智能分析技术，都取得了突破性进展。

7.4.3　智能安防对产品经理的要求

搜索相关招聘网站上的智能安防产品经理的招聘岗位，可以看到这个岗位有两个方向，分别是云计算平台方向和 B 端方向，其典型的任职要求如下。

1. 安防云计算平台产品经理

工作职责：

1）负责公司安防行业私有云计算平台产品规划、功能设计和产品研发；

2）分析安防行业私有云计算平台产品用户需求，分析竞争对手动态和市场动态，规划路线图，提出发展需求或改进意见；

3）负责产品生命周期管理，控制项目进度、质量，协调和组织内部资源，确保完成产品目标；

4）对服务功能性能优化需求进行版本管理，发布后改进等相关工作；

任职资格：

1）具备分布式系统、私有云服务、大数据平台等 3 年以上产品经理工作经验；

2）有扎实的技术基础，具有服务器 / 分布式系统开发经验，或计算机相关专业背景者优先；

3）有出色的学习能力，对人工智能有强烈的兴趣，具有计算机视觉、机器学习相关的学习、科研或工作经验者优先；

4）善于深度思考问题，能够定义问题并提出解决办法；

5）逻辑感出色，能快速梳理复杂的产品流程并能清晰抽象；

6）非常强的团队合作精神，出色的沟通能力和协调能力。

2. B 端安防 AI 产品经理

职位描述：

1）深入研究安防行业发展趋势，理解安防行业客户典型 AI 场景需求，调研竞品情况；

2）负责与销售紧密合作，从产品角度跟进安防行业项目销售全过程，包括需求分析、方案交流、POC 等，直至商务合同签订；

3）项目实施过程中，负责与实施团队一起制定开发计划，落实项目交付，跟进客户反馈；

4）归纳总结落地项目，结合安防行业客户业务需求及 AI 产品 / 技术，抽象出行业解决方案；

5）根据行业特点、客户群特征，策划线上、线下主题活动，建立安防行业解决方案推广渠道。

任职要求：

1）熟悉交通、公安、校园、医院等安防细分场景；

2）了解机器学习、深度学习、计算机视觉等原理及应用场景，对 AI 具有浓厚兴趣和热情；

3）有计算机、网络、大数据、云计算、AI 等相关教育背景或项目经验；

4）有优秀的沟通协调能力，一定的技术能力，善于资源整合并能够快速落地；

5）在云计算 /AI 等领域的 B2B 企业担任相关岗位实战经验，有 AI 企业任职经验者优先。

对以上两个岗位分析可知，智能安防行业是一个偏 B 端的行业，因为主要场景都为线下场景，各行业场景不一，更需要产品经理熟悉相关的场景，例如交通、医院等，能够将相关的 AI 技术和线下场景结合起来。且具有 B 端的工作经验。

3. 总结

在早期 IT 化的冲击下，安防系统的产品线、产业结构被压缩，具体变化是安防后端系统"云"化，前端产品"端"化。后端系统"云"化使安防淡化了集成的概念，压缩了中间环节，并催生安防运营服务的新业态；前端产品"端"化，使安防前端产品不再是单纯采集数据 的设备，而是依据应用场景的不同从"云"端按需下载服务，AI 的出现实现前后端计算资源快速"云"化整合，也就是常说的"云边融合"，实现基于可视化的全面感知系统、互联互通的视频云平台。前后端融合虽然不完全是 AI 出现带来的变化，但基于 AI 的应用，云边融合成为智能安防行业正在发生的趋势之一。安防设备技术升级换代较快，从行业调研数据来看，一般 3~5 年就会升级换代一次，存量市场设备的更新换代也恰好成为智能安防市场发展的重要部分。

7.5 智能客服

在 2018 年的 I/O 开发者大会上，谷歌演示了对话机器人 Duplex。

Duplex 完成了两项任务：

- 第一项任务，预定理发服务；
- 第二项任务，一个预定就餐的电话接待。

可见，Duplex 实际上扮演的就是智能客服的角色。

在 AI 领域，智能客服相对比较容易落地，而且技术比较成熟，这是因为客服领域的场景路径具有相对明确的特征，决定了基于全量数据进行高并发需求处理的 AI 技术在客服领域将大有可为。目前，基于大数据、云计算和深度学习等领先的 AI 技术，智能客服已经可以实现自主问答、业务办理、故障诊断等一系列复杂操作，实现客服行业中大部分的应答需求，快速高效地解决用户问题。

据 2018 年 5 月发布的《中国智能客服行业研究报告》统计，中国大约有 500 万全职人工客服，以年平均工资 6 万元计算，再加上硬件设备和基础设施，整体规模约 4000 亿元。如此巨大的市场，当然会使得众多企业对于智能客服产品的研发趋之若鹜。但是为什么到现在还没有一家独角兽公司出现？

虽说这是人工智能中最容易落地、技术相对成熟的项目，但相关企业如果想开发和构建一套人工智能客服系统，到底要投入多大的成本？一家企业是自己搭建一套智能客服系统，还是找到一家合适的智能客服平台厂商，站在"巨人"的肩膀上，利用它们赋予的能力，搭建自己的智能客服解决方案，本节就来讨论一下这些问题。

7.5.1 客服系统的发展历程

我国客服软件市场大致经历了三个发展阶段：传统呼叫中心软件阶段、网页在线客服 + 传统客服软件阶段、云客服 + 客服机器人的智能客服阶段。

1）2000 年以前，互联网尚未普及，客服主要以电话沟通为主。

2）2000—2010 年间，得益于计算机技术、计算机电话集成技术（Computer Telecommunication Integration，CTI）、网络技术、多媒体技术以及 CRM、BI、ERP、OA 等企业信息化应用技术的集成，客服系统跳出了单一的电话沟通模式，出现了网页在线客服等多种客服渠道。

3）而近十年，移动互联网、云计算、大数据和 AI 技术的发展又将传统呼叫中心和客服软件带入了以云计算为基础的软件即服务（Softwore-as-a-Service，SaaS）的智能化时代。SaaS 模式使得企业搭建客服中心的成本大大降低，早期提供呼叫中心硬件设备的厂商则已经延伸到中下游，主要为企业大型客户提供本地客服中心解决方案。

从当前智能客服产业链构成情况来看，上游基础设施环节已经发展成熟，少数巨头企业占据了绝大部分市场。未来，它们会继续向下游延伸，构建企业服务生态。

中游客服产品提供商中，云客服厂商经过几年竞争，头部几家已脱颖而出，但仍未长出"巨头"，竞争依然激烈。智能客服产品功能越来越丰富，应用场景也从客服延伸到了销售、营销等多个环节，此外，客服机器人通过辅助人工，以及回答简单重复性问题，大大提高了人工客服的工作效率。同时，AI 也在从各个环节上变革着企业客服的交互方式，加速线上线下客服的智能化升级。

7.5.2 智能客服系统搭建

智能客服系统主要基于自然语言处理技术、大规模机器学习技术和深度学习技术，使用海量数据建立对话模型，结合多轮对话与实时反馈自主学习，精准识别用户意图，支持文字、语音、图片等多媒体交互，可实现语义解析和多形式的对话。

1. 智能客服系统的技术构架

目前，智能客服包含基于知识库回答的系统和基于槽位填充的多轮对话系统。

基于知识库回答的系统是根据用户提出的问题，检索知识图谱中数据，通过一定的算法排序，返回给客户最优的回答。比如百度百科、汽车咨询、天气查询等机器人。

基于槽位填充的多轮对话系统是用户提出问题后，机器人进行初步意图识别，通过有目的的多轮对话，最终得到用户的明确指令。比如智慧旅游线路推荐机器人，通过与机器人沟通相关城市、时间、人数、爱好等信息后，机器人可以推荐最适合用户的旅游线路。再比如百度的智能机器人小度，用户与小度长时间对话后，小度就会知道什么时候该应答；什么时候只需要听着，让小度更像一个既"听话"又"懂事"的孩子。

通常，这两种方法根据使用场景可以结合起来使用。

（1）基于知识库回答的系统

基于知识库回答的系统，根据非结构化的文本信息抽取、分类或检索已有的知识库或是数据资源，结合知识推理等方法，为用户提供更深层次的语义理解后的答案，本质上它是一种检索式的回答。

检索式回答的流程如下：

1）对用户的输入问题进行处理，如利用分词、关键词抽取、同义词扩展、计算句子向量等算法；

2）基于处理结果在知识库中做检索匹配，例如利用 BM25、TF-IDF 或者向量相似度等匹配出一个问题集合，跟推荐系统中的召回过程类似；

3）从问题集合中挑出最相似的那个问题，最终返回给用户答案。这里会对问题集合做重排序，比如利用规则、机器学习或者深度学习模型等，从而对问题集合中的每一个问题都形成一个分值，分值最高的那个就是与用户提问最相似的那个，最后将这个问题对应的答案返回给用户。这就完成了一次对话流程。

在实际应用中，可以设置阈值来保证回答的准确性，如果最终每个问题的得分结果都低于设定的阈值，可以将头部的几个问题以列表的形式返回给用户，这就形成了问题的猜测列表或是推荐列表，让用户主动判断是否是猜测列表的问题，如果不是，用户则需要继续提问。

（2）基于槽位填充的多轮对话系统

基于槽位填充的多轮对话系统是在人机对话过程中，根据用户输入的信息进行初步的意图识别，通过多轮对话的方式获取必要的信息来获取用户最终的意图。

所谓的"槽"，就是多轮对话过程中将用户初步的意图明确为最终意图的所需要补全的信息，比如机器人询问用户对某件商品的心理价位是多少钱，用户回答是 80，这个对话中的 80 只是一个数字，机器人则需要进一步提问"您说的是人民币还是美元"，以上信息的获取就是一个槽，但是根据场景或是一些默认值的存在，机器人可以默认理解成为人民币，所以槽也有必填和非必填之分，也就是槽不一定非要通过与用户对话来获取。

"槽位"就是针对一种槽的填槽方式，比如："我要开车去北京"这句话，北京是"目的地"，对于"出发地"，机器人可以获得用户的地理定位，当然也可以由用户直接说明。那么"出发地"就有两种获取槽的方式，也就是有两种槽位，我们可以对这两种槽位进行优先级排序，第一种槽位能获取到有效信息，就用第一种，第一种获取不到有效信息，再用第二种槽位。

搭建基于槽位的对话系统是一个相对专业而复杂的过程，通常分三个主要的阶段。首先是需求分析，然后是使用平台搭建平台机器人（BOT），最后是持续优化，如图 7-7 所示。

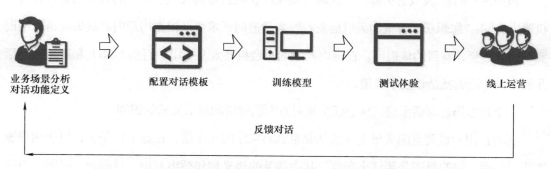

业务场景分析
对话功能定义　　　配置对话模板　　　训练模型　　　测试体验　　　线上运营

反馈对话

图 7-7　基于槽位填充的多轮对话系统流程

为了了解该系统，先熟悉一下几个名词。

1）意图：意图是指用户在语音交互中发出的主要请求或动作。

①肯定意图：是；对的；正确；OK；

②否定意图：不是；不对；错了；NO；

③取消意图：退出；停止；关闭；结束；

2）技能：技能是满足用户特定需求的一个应用。例如用户说"查询我的洗发水快递到哪里了"时，会进入快递查询的技能。

3）回复技能

①问答型技能：通过用户问法和机器人回答的配置，可以实现简单的用户与机器人的对话。

②任务型技能：在问答型技能的基础上，增加槽位（词槽等）、应用程序接口调用等方式，来实现多轮对话或是获取用户更精准的意图。

4）词典

词典指某个关键词可能变化的内容，例如时间词典，位置词典等，也可以理解为特定的词槽或是语义槽。语义槽是用户输入的内容中包含的关键词，它可以帮助系统准确识别意图，例如 12 星座的名称就是一种语义槽。语义槽和词典一般会同时使用，语义槽通常用来指代词典。一个语义槽可以同时绑定多个词典，一个词典也可以与不同的语义槽相关联。

5）追问

当机器人无法明确用户输入内容的语义时，机器人要能够对其自动发起追问。

例如用户问："天气怎么样？"这时可能无法获取到查询天气的地点的语义槽值，就需要机器人追问："您想获取哪里的天气信息？"当然追问话术可以根据用户内容缺失的语义槽设置不同的回复，有目的地追问。在国内开放的平台机器人系统中，百度 UNIT 和微信的对话开放平台应用的就是该技术框架。

一个自然语言对话系统，核心任务是对意图的解析和对语义槽的识别。

例如：用户说要订明天早上 8 点从北京到石家庄的火车票，在这个例子中，对于用户表达的一句话，它的意图是要订火车票，其中涉及的语义槽包括出发地、目的地、时间。当这个时间有多趟车次的时候，就需要进行追问用户，是要订哪一个。

以百度 UNIT 平台为例，一个用于买火车票的智能回复的流程可以这样搭建：

1）需求分析：订火车票需要知道时间、出发地、目的地。

2）新建一个机器人，命名为"火车票机器人"。

3）新建对话意图：命名为"订票"。

4）添加词槽：选择系统词槽词典，选择然后选择系统词典（时间、地点等），出发地词槽、目的地词槽，这两个都可以选择系统词典，这些都是必填项。

5）设置词槽与意图关联属性，这里火车票的出发时间是订票必需的关键信息，所以选择必填。"澄清话术"指的是当用户表达订票需求的语句里缺少出发时间时，火车票机器人主动让用户补全信息的话术。这里还可以设置让用户澄清多少轮后，火车票机器人可以放弃要求澄清，默认是 3 次。

6）设置机器人回应：就是当火车票机器人识别出用户的意图和所有必填词槽值时给用户的反馈。对于订票回复一般对接应用程序接口，实现自动生成方式。

当然，这只是火车票业务中的一个场景，在火车票业务场景中还有退票、改签、查询等功能。如果是实际设计产品，这些都是需要在需求梳理中确定的。

2. 如何评判一个智能客服系统的好坏

（1）基于人工标注的评价

基于知识库问答的系统，回答能力受限于知识库的丰富程度，也就是说知识库对用户问题的覆盖率很重要，覆盖率越高，准确性越高。系统最佳的状态是将能回答的全部问题回答准确，将不能回答的问题精准地识别并作拒识处理，即拒绝回答。评价一个问答系统时，并不是说这个系统能回复用户所有问题才是最好的。

评价指标主要包括召回率和准确率，目标是让系统的结果率无限接近知识库数据真实的问题覆盖率。

- 召回率 = 机器人成功解决的问题数 / 问题总数
- 准确率 = 机器人成功解决的问题数 / 机器人能回答的问题数

例如：用户问了 100 个问题，机器人回答上来了 80 个，其中 50 个回答正确。那么召回率 =50/100=50%；准确率 =50/80=62.5%。这两个指标越高，说明机器人回复越精确。

评价时，首先通过从每日的全量数据集中抽样出一个小数据集，保证小数据集的数据分布尽量符合全量数据集，然后由标注团队对数据集做标注，标注出每个问题的实际答案，一般标注完成后还有质检的环节，以保证标注结果尽量准确，这样便生成了每日数据的标准评测集。

然后基于该标准评测集会去评价系统的好坏,并且每次做新模型迭代时都会使用标准评测集去评价新模型,只有新模型达到某个指标才可以上线。

(2)基于用户反馈的评价

基于人工标准的评价能在一定程度上评价智能客服系统的准确率,但是答案是否合理,能否为用户解决问题,需要用户去反馈评价,整个智能客服系统的最终目标是帮助用户解决问题。所以如今开发者都会在智能客服和在线客服的产品上设计评价功能,例如会让用户评价智能客服的每个答案,或者在和人工客服聊天完毕会发送评价卡片给用户去评价满意度,如图 7-8 所示。这些指标能够真正反映智能客服系统的好坏。系统后台,会统计参评比例、满意度等指标,实际中往往用户参评比例低,设计者会使用各种方法去刺激用户评价。

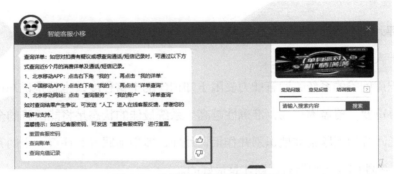

图 7-8 中国移动客服反馈按钮

7.5.3 设计智能客服系统时会遇到的问题

1. 做通用智能客服系统还是垂直行业智能客服系统

智能客服系统的客户都是企事业机构的,通用型智能客服系统意味着市场更大,用户更多;而垂直领域的客服系统用户则要少很多。

做垂直领域的智能客服系统,往往会陷入一两个大项目,不断满足用户的个性化需求上。最终系统很“定制”,同时市场也很小。做几个项目之后就会碰到透明的天花板。

通用型智能客服系统虽然市场很大,但是和做垂直领域的智能客服系统的团队相比,也没有什么优势，因为在技术上，现阶段各家差距不大，垂直领域的智能客服系统团队可以给用户定制化，但是通用化系统不可以，最终变成尽管市场很大，但是可能会被一个个异军突起的做垂直领域的智能客服系统小公司蚕食。

那怎么办呢？

互联网刚开始的时候，门户网站率先突起，能够服务大多数人的需求，接下来，微信公号可以订阅，每个人的阅读内容都不一样了，这就是一种定制版的资讯平台。因此笔者认为，从用户角度来说，定制化是演进方向，最终通用型客服会被垂直行业智能客服所取代。

2. 做 SaaS 还是私有化部署

传统行业银行、保险、证券、房地产等大企业往往有很强的客服需求，对引入智能客服系统的意愿很强，但同时其对自身数据安全性的要求也很高，因此只会同意本地化部署的解决方案。

为这类大客户做本地化部署解决方案，就只能采用项目制的商业模式，做一个项目收一次费用。好处是一个项目就能收到几十至上百万元的收入，创业初期就能有盈利；坏处是私有化部署客户需要定制化需求比较多，会占用大量人力成本而且难以规模化复制，长久来看增长空间有限。

那怎么办呢？

笔者认为，单从数据安全角度来讲，这个问题从长远来看会随着技术发展被解决，就像移动支付刚诞生的时候大家还很害怕，担心绑定自己银行卡会不会被盗，会不会有黑客黑进支付宝，现在来看是杞人忧天了。有足够的投入才会有足够的资金支撑技术开发，SaaS 的服务用户更多，技术漏洞更容易被找出来，系统的安全性会进化得更快。私有化部署的方案在 AI 时代，不是一个好的选择。

3. 服务大客户还是中小客户

创业之初选择目标客户时，所有智能客服创业公司都需要面临一个选择：究竟是主攻大企业客户，还是从一开始就切入中小企业市场？

主攻中小企业客户，优点是可以用标准化的 SaaS 产品来满足其需求，不仅模式轻、占用人力成本低、可实现规模化复制，而且能通过每年续费的方式获得持续的收入，还能不断得到数据循环反馈建立起技术壁垒；缺点是前期获客难度大，需要做大量市场教育工作，并且中小企业的"死亡率"高，整体的续费率难以保障，创业初期很难实现盈利。

主攻大客户，面临的问题是一些定制化需求难以满足，而且大客户公司各项流程相对比较长，一般具有长期服务的服务商，对产品成熟性要求比较高，创业公司很难打进去。定位于服务几个大客户，对于创业公司风险比较大。

那怎么办呢？

做垂直领域的 SaaS 系统，就需要有更多的用户使用，才能更快地迭代系统，只有一两个大客户，很难提出建设性的改进建议，所以说做中小客户，尽快地找到第一批用户，把系统跑起来然后不断优化迭代往往是创业公司比较常见的选择。

4. 智能客服销售难点

大家都在说传统客服行业有很多痛点，智能客服可以很好地解决这些痛点，但实际情况真的如此吗？我们来从下面两个角度分析。

（1）人工成本问题

人口红利消失，用人单位的用人成本会越来越高——这个是真实需求吗？首先客服并不是一个企业的核心部门，大多企业对于客服部门并不是很重视。在中小企业，客服人员并不太多，将人工客服替换为智能客服真正能节省的人力成本并不高，所以企业的替换的动力并不大；在大企业中，人力成本的确是成本支出中占比较大的部分，但是也正基于此，大企业往往有足够的预算来自己做智能客服系统，因为他们的投入产出比是合适的。就像是滴滴出行这类拥有大客服部门的企业，更倾向于自己来做。

（2）决策悖论问题

智能客服系统要解决的就是人工客服做的事情，当替换掉他们的工作后，就意味着部门裁员。这样对于企业来说是节流的好办法，但对于客服部门领导来说似乎就不那么好，部门人数减少就意味着自己在企业中的权重降低。虽然长远来看这是大势所趋，但现如今销售过程中基本是还是从上到下的销售过程，而不是客服部门提出的迫切需求。

5. 总结

综上所述，笔者认为大公司应用底层技术框架，搭建自己的智能客服系统，也许会是一个趋势，既能够保证数据的安全性，也能够控制成本。对于一些 SaaS 智能客服系统来说，当技术形不成寡头优势，产品推广和服务能力就会变得尤为重要。

智能客服公司有壁垒吗？什么才是智能客服公司的壁垒呢？

客服系统的使用习惯、数据的积累和知识库的完善，是智能客服系统的行业壁垒，用户切换智能客服系统的成本很高。所以尽快拓展自己用户，这就是智能客服公司的壁垒，只做智能客服的公司未来的业务增长会非常有限，找到自己的第二增长曲线，是决定智能客服公司未来走多远的关键。

第 8 章

职业进阶——当 AI 产品经理遇上未来

让我们回顾本书，我们从 AI 产品经理的职业需求开始，分别从技术、知识储备等方面介绍了成为一名 AI 产品经理应具备的基本素养，之后从产品设计流程和原则，分别引出了软件和硬件 AI 产品的设计要点，接着介绍了一些典型的 AI 产品。相信你对 AI 产品经理的概念、AI 产品经理所需要的知识方向和设计思维、AI 产品与技术的结合情况、当今常见的 AI 产品形态等有了大概的了解，或者已经决定要走上这个岗位去运用 AI 产品设计方法论来创造更具智能和价值的产品。

作为一名 AI 产品经理，我想说，在这个不断变化的岗位上，需要学习的东西很多，值得学习的东西也很多，比如新的概念、新的技术、新的产品、新的应用场景、新的思维模式、新的商业模式等，在职业生涯的道路上，不断提升产品能力和技术能力，既是技术发展和岗位升级的需求，也是身为 AI 产品经理不断适应变化的要求。最后，本章将产品经理工作中的通用的方法和经验进行一番总结，旨在说明不管是 AI 产品经理还是其他类型的产品经理，基本的能力是相通的，希望能对你在未来的工作中有所帮助。

1. 提升产品价值

产品价值是由顾客需要决定的，在分析产品价值时，应注意在经济发展的不同时期，顾客对产品有不同的需求，构成产品价值的要素以及各种要素的相对重要程度也会有所不同。因此，互联网产品价值的本质就是给用户带来的价值。对于智能产品，需要看以下三点：

1）**是否提升用户效率**，例如，某机场在安装了人脸识别安检智能产品之后，经统计，每个小时通道查验的验放效率提升了 66%，提升了用户效率。

2）**是否提升用户体验**，例如，短视频平台通过添加美颜滤镜、背景音乐、画面特效等功能，使原始单调的视频变得生动有趣，娱乐性和可观性大大提升，用户体验也大大提升。

3）**是否解决用户问题**，例如，智慧消防就是通过图像识别技术，实现消防通道监测，掌握建筑内人员分布情况，替换人工巡查，实现自动报警，真正解决用户问题。

2. 找准痛点，深挖需求

痛点就是用户恐惧、害怕，想主动寻求解决方法的地方。很多人以为痛点就是不舒服，不满意，那不是痛点，那是痒点，可有可无。能解决痛点的产品，才是刚需的产品，才是用户离不开的产品。并不是用户每一个没有被满足的需求，都能被称为痛点。因此，用户痛点就是用户真实的需求，是产品的原生力。

能抓住真实需求的产品才是有生命力的产品。对于不同的 AI 产品经理，看问题的角度会有不同，具体是从需求表层还是从需求根本看问题，做出来的产品都是不同的。除此之外，AI 产品经理更要懂得，从人性角度去看问题，能够知道表层需求的背后，反映出的人性真实需求。人性的五大需求是生理需求、安全需求、社交需求、尊重需求、自我实现需求。这是马斯洛需求层次理论中提出的观点，在现代行为科学中占有重要地位。

一个好的产品，往往能够切合人性中最真实和必要的需求。例如，为什么社交类 APP 如此受欢迎？用户在各种社交 APP 上晒自拍、秀美食、分享购物和旅游等信息，在本质上都满足了用户社交、尊重、自我实现等需求。

3. 要会做用户研究

满足用户真实需求的产品才有生命力。AI 产品经理一定要亲身参与到用户研究中，甚至主导用户研究。用户研究有以下方法。

1）问卷调查：问卷调查是比较普遍和常用的方法，它的优势在于成本低、范围广、便于数据统计和分析，缺点是不够深入，问卷的设计很大程度会左右用户的回答。问卷问题的合理性决定了调研的质量。

2）用户访谈：用户访谈可以与用户面对面沟通，能够更深入、更专注的交流，通过电话、视频、面谈等方式都可以与用户直接进行交流。要求访谈前要做好充足准备，不要跑题。

3）焦点小组：焦点小组通过对目标市场中典型的用户群体的有策略的沟通，来获得市场对产品的反馈。相比于单个用户访谈，焦点小组更能激发用户的思维，使其能更好、更完善地表达自己的意见。焦点小组的提纲需要精心设计，以使讨论过程更系统、更有针对性。

4）实地调查：特殊、专业场景的应用，产品经理必须深入到实地，才能了解和熟悉用户使用过程中遇到的问题，并设身处地的帮助用户解决问题。

5）可用性测试：可用性测试是通过典型用户实施测试来对产品或服务做出评价。在一次典型的测试中，用户要完成一系列典型任务。与此同时，观察者会在一旁观察、倾听、做笔记。可用性测试目的是为了发现产品的可用性，收集定性和定量的数据，评估用户对产品的满意度。

6）A/B 测试：在产品正式迭代发版之前，为同一个目标制定两个或以上方案，将目标用户对应分成几组，在保证每组用户特征相同的前提下，让用户分别看到不同的方案设计，根据几组用户的真实数据反馈，科学地帮助产品进行决策。

7）数据分析：数据分析可用工具有很多，可分析指标也有很多，例如：分析不同获客渠道的流量和质量，进而优化投放渠道，常见的办法有 UTM 代码追踪，分析新用户的广告来源、广告内容、广告媒介、广告项目、广告名称和广告关键字等指标，可以综合评价获客渠道质量。数据分析涉及多学科、多领域，产品经理要想做好数据分析，应该有一套完整的思维体系和方法论以及工具的使用，同时立足于产品和用户，用数据来打磨产品，用数据来检验迭代，不断提升用户体验。

4. 重视用户体验

卢克·米勒（Luke Miller）在《用户体验方法论》中写道：用户体验涵盖终端用户与公司、公司服务及其产品之间的交互的方方面面。书中提到雅各布·尼尔森（Jakob Nielsen）提出的将超预期的用户体验归结于五要素：易学、高效、易记、纠错、满意度。

1）易学：用户第一次使用，是否能轻松完成基本操作？

2）高效：用户是否可以很快完成诉求或目的？用户每多操作一步，对产品来说就是多一点致命的伤害。

3）易记：当用户隔段时间再次使用产品时，能够很轻松地驾驭产品，特别是对于非高频产品。

4）纠错：用户常会犯什么错误？能否帮助用户快速纠错？

5）满意度：使用产品或服务，用户的愉悦程度如何？用户满意，才是产品真正的核心。

5. 养成文档管理习惯

产品经理会经常写产品体验报告、竞品分析、产品需求文档、商业需求文档、需求池文档、项目计划、项目邮件等。在这里就不再赘述各类文档的撰写规范和撰写技巧了，重要的是要做好文档的备份、版本标记、共享溯源。

6. 需求管理

在产品开发过程中，产品经理的一项重要职责是必须对需求进行管理，使得产品所有的设计、研发、测试、运维工作能围绕着统一的需求开展，保证项目能顺利进行，完成目标。

7. 优先级处理

需求的优先级一般有以下几个原则：

1）KANO 模型法：基本型需求 > 期望型需求 > 兴奋型需求；

2）矩阵分析法：重要且紧急 > 重要不紧急 > 紧急不重要 > 不重要且不紧急（如图 8-1 所示）；

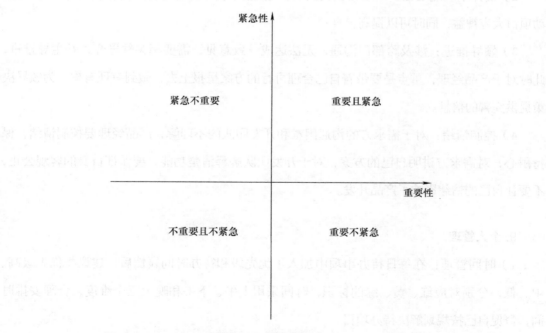

图 8-1 矩阵分析法

3）经济收益法：经济收益高且紧迫的功能需求 > 经济收益高但不紧迫的功能需求 > 紧

迫但经济收益不高的功能需求 > 不紧迫且经济收益不高的功能需求；

4）前 / 后置需求分析法：前置需求的优先级 > 后置需求的优先级；前置需求的重要性和紧迫性 > 后置需求的重要性和紧迫性。

以上原则可以根据具体场景灵活运用或综合使用。

8. 工作流中的管理

产品经理在工作中，经常遇到不同层次需要协作的情形，尤其是跨部门协作会遇到各种陷阱，导致协作"进坑"，常见陷阱有：无法按约定时间交付、沟通事项未对齐、过度承诺而无法落地和交付等，导致结果不及预期，甚至影响正常工作开展及他人的信任，为了避免自身陷入协作陷阱，可以参考以下方法：

1）约定流程：约定合理的流程，公开透明，按照流程办事，防止"踢皮球"；

2）发挥主观能动性：对项目负责到底，建立主人翁意识。发挥主观能动性，不仅对推动项目大有裨益，同时可以提高自身；

3）领导推进：涉及跨部门沟通，无法达成一致意见，需要相关领导介入并主导推进，此时对于产品经理，重点是要带着自己合理可行的方案呈报上去，做到有理有据，为领导决策提供完善的信息。

4）控制情绪：对于需求方的沟通困难和开发团队的不理解，产品经理要控制情绪，保持耐心，对需求方讲明自己的方案，对于开发团队解释清楚功能，要保证自身的客观公正，不要让自己的情绪影响了产品开发。

9. 个人管理

1）时间管理：在每日待办事项中加入了优先级和待办时间属性后，建议将优先级高、中、低，分别对应红、黄、绿的标识，时间采用上午、下午和晚上三个维度，合理安排时间，督促自己按规划解决待办项目。

2）知识管理：无论是通过看书、自学课程，还是实践，目的都是要持续不断地沉淀自己的想法和知识（写文章或总结是一个很好的自我梳理吸收的过程）；通过自己对知识理解，去找资深专家"碰撞",从而更新自己的知识,升级自己的认知,并重复上述两个步骤。

10. 沟通能力

沟通的基础是摆事实讲道理,现状是什么,为什么要做,为什么这么设计,需要哪些支持,达成什么目标?如果自己都不清楚背景、目标、现状的话,是很难沟通清楚的。

沟通的目的是要达成目标。多数场景里,沟通是为了解决问题,推进产品开发进度。比较密集的沟通阶段一个是在需求阶段,和内外部用户沟通需求的背景、动机,这个阶段是为了形成产品设计方案;另一个阶段是在开发阶段,需求文档的讲解评审,开发过程中遇到的问题和调整,这个阶段的目的是为了推动产品开发上线。

沟通要学会拒绝,没有完美的产品,产品是一种选择,也是一种妥协,为了时间可能妥协功能范围,为了主要用户可能妥协次要用户,这都是难免的,要学会合理的拒绝。

11. 技术能力

AI 产品经理需要懂技术吗?——必须要懂。那么懂到什么程度?——没有必要了解技术实现,但是一定要理解技术用语、技术能实现什么,尤其是 AI 层面的,要理解相关算法模型要实现什么功能,技术底层的数据结构,比如二维表数据结构(主表、关系表、子表、日志表、快照表等)、图数据结构(知识图谱的三元组的构成)等。通过对技术的理解,帮助自己跟开发低成本的沟通,来实现产品更符合预期及质量。了解行业术语是 AI 产品经理的基本功。读者可参阅本书配套的图谱插页。

12. 了解技术的能力边界

在一定的时间内,AI 技术都是在快速演变的,AI 产品经理要时刻了解技术的演变方向,了解技术的能力边界,结合自己的场景,能够预判产品的实现能力。AI 产品经理要做的事情就是在了解技术边界的前提下,提供最适合的产品解决方案以达到任务目标。例如,自然语言处理技术并不能保证百分百精准理解客户的意图,AI 产品经理需要考虑在这样的前提下,怎样设计智能客服产品。"推荐答案"成为解决这一问题的设计方案,在无法准确判定用户的意图时,可以将与客户问题意图相近的"推荐问题"根据计算分数从高到低排序推荐给用户更多选择，以达到解决用户问题的目的。再例如，目前的人脸识别技术也无法保证完全准确，于是设计了"异步审核"策略，在人脸比对和活体检测有风险时，便会采用异步审核流程，用人工检测的方式保证通过率和准确率，保证用户体验，降低业务风险。AI 产品经理除了需要像互联网产品经理先确认核心需求之外，必须要拿出更多的时间精力来思考 AI 技术的能力边界问题。

总之，AI 产品经理这个岗位是跟随着科技产品形态升级和技术创新的脚步产生与发展的，从一开始的互联网电商平台，到现在包含消费、教育、医疗、基建、交通、金融等各个领域、各种各样的互联网产品，从一开始的基础互联网电子商务，到现在云平台、大数据、AI 算法等技术加持下的新型电子商务，AI 产品经理既保持了产品经理最基础的职能和作用，又同时让产品经理的岗位概念和岗位职责不断进化。一方面，它要求产品经理能力、知识结构要跟上技术发展的脚步，同时更加细化产品经理的能力与职责；另一方面，它对产品经理不断提出新的挑战，不断与新技术、新产品、新场景相融合。同时，AI 产品经理也是产品经理职业进阶最好的机会，不断学习，不断思考，才能创造更具价值的产品，为社会做出贡献。让我们一起努力，不断提升，一起遇见更好的未来！